システムデザイン・マネジメントとは何か

第２版

慶應義塾大学大学院システムデザイン・マネジメント研究科 編

慶應義塾大学出版会

はじめに

本書は2016年に出版された書籍『システムデザイン・マネジメントとは何か』の第2版である。2008年，慶應義塾創立150年を記念して，慶應義塾大学大学院システムデザイン・マネジメント研究科（慶應SDM）が設立された当初には，学問分野を横断して社会にさまざまに存在する課題を解決に導くというコンセプトはまだあまり広がっていなかった。慶應SDMはこのような課題に対して「木を見て森も見る」ことでシステムとしてアプローチする人材を育成するという大きな目標を掲げて教育・研究を行なってきた。初版の出版から7年を経て，その認知度はさらに高まったと自負している。

慶應SDMは，設立以来変わらず，学問基盤を「システムズエンジニアリング」，「システム×デザイン思考」，「プロジェクトマネジメント」の3本柱としているが，この15年の間に社会の変化へ柔軟に対応しより広い視野で探求を深め，この学問基盤を磨き上げてきた。第2版では，こうした新たな展開を反映して，内容をアップデートした。

慶應SDMには，新卒学生から社会人学生まで，またいわゆる文系から理系まで，国内外からの多様な学生が修士課程と後期博士課程に在籍する。2008年の設立当初から働きながら学ぶ社会人のために，平日夜の授業や，土曜の朝から夕方までの授業を用意し，eラーニングシステムによるビデオ学習を可能にしてきた。2020年秋学期からはリアルタイムオンライン受講を可能とするハイブリッド授業形式を多くの科目で採用している。教育・研究の質をより良くしていくため，次ページに示す12名の専任教員に加えて，各界の第一線で活躍している方々を特別招聘教員，特任教員として国内外から積極的にお招きする体制をとっている。参考までに，これまで（2023年7月現在）の修了者数は，春入学（日本語コース）修士：755名，博士：49名，秋入学（英語コース）修士：132名，博士：17名にのぼる。この実績をもつ教育・研究をご覧いただき，慶應SDMの現在地と未来に関心をお寄せいただければ幸いである。

専任教員の顔ぶれ

白坂　成功
研究科委員長
教授

◆専門分野

システムズエンジニアリング，イノベーション，イノベーティブデザイン，コンセプト工学，モデルベース開発，宇宙システム工学，システムアシュアランス／機能安全，標準化など

執筆項目

第2章「V字モデル」「アーキテクティング」，第3章「システムデザイン・マネジメント序論」，第4章「ソーシャルキャピタルの成熟度モデル」

五百木　誠
准教授

◆専門分野

システムズエンジニアリングをベースとしたシステムデザイン全般（人工衛星システム，高信頼度システム，社会システムなど），イノベーティブデザイン

執筆項目

第3章「デザインプロジェクト」，第4章「大規模システムのレジリエンス」，第5章「SDMの理論を実務に適用して大企業を変革する」

猪熊　浩子
教授

◆専門分野

国際会計，財務・経営会計，監査論，税務会計，経済システム設計

執筆項目

第2章「経済システム」，第3章「経済システムから見た会計・監査の仕組み」，第4章「グローバリゼーションと会計監査」

小木　哲朗
教授

◆専門分野

ヒューマンインタフェース，バーチャルリアリティ，臨場感コミュニケーション，ビジュアル・シミュレーション

執筆項目

第2章「シミュレーション」「ビジュアリゼーション」「ヒューマンインタフェース」「ゲーミフィケーション」「VR/AR/MR」，第3章「システムのモデリングとシミュレーション」「バーチャルデザイン論」，第4章「高齢者ドライバーの安全運転力向上」「デジタルミュージアム・プロジェクト」，第5章「文系・理系を超えたヒューマンインタフェース研究」「システムデザインという視点で医療問題を考える」

神武　直彦
教授

◆専門分野

宇宙システムからスポーツや街づくりまで社会技術システムのデザインとマネジメント，イノベーション，空間情報科学，データサイエンス，国際連携

執筆項目

第3章「システムベリフィケーションとバリデーション」「システムデザイン・マネジメント実習」，第4章「社会課題解決型宇宙人材育成プログラム」「オープンデータを活用した地域課題解決プロジェクト」，第5章「ユーザの真のニーズをイラストで可視化」

谷口　尚子
教授

◆専門分野

政治学（政治過程論，政策・選挙分析，政治意識・行動分析），社会心理学（社会意識や価値観の分析，国際比較），社会科学方法論（社会調査，実験），統計解析

執筆項目

第2章「公共システム」，第3章「社会調査法」「修士論文・博士論文」，第4章「オンラインゲーム実験で考える政治システムデザイン」

当麻　哲哉
教授

◆**専門分野**

コミュニティ（とくに医療・教育・地域）のためのコミュニケーションデザインと，プログラム&プロジェクトマネジメント

執筆項目

第2章「マネジメント」「リスクマネジメント」，第3章「プロジェクトマネジメント」「交換留学制度」，第4章「次世代医療・医学教育への取り組み」

新妻　雅弘
准教授

◆**専門分野**

人工知能，バッハ研究，体運動習性（運動の癖に基づく人間の周期性および個性の研究）

執筆項目

第2章「AIと身体性」，第3章「システム思考のための抽象化の基礎」「身体知を深める」，第4章「心と身体が調和する社会に関する研究」

西村　秀和
教授

◆**専門分野**

モデルベースシステムズエンジニアリング（MBSE），システム安全，制御システム設計，ユニバーサルデザイン，環境共生システムデザイン

執筆項目

第1章，第2章「システムズエンジニアリング」「2元V字モデル」「モデル」「MBSE（モデルに基づくシステムズエンジニアリング）」「システム分析」「ビジネスとエンジニアリングの変革」，第3章「システムアーキテクティングとインテグレーション」「モデルベースシステムズエンジニアリングの基礎」，第4章「構想駆動型社会システムマネジメントの確立」，第5章「母国でMBSE，SysMLを推進」「システムズエンジニアリングを浸透させる立場に」

前野　隆司
教授

◆**専門分野**
人間システムデザイン（社会・コミュニティ，教育，地域活性化，ヒューマンインタフェース，認知科学・哲学など）

執筆項目
第2章「システム」「デザイン」「システムデザイン・マネジメント」「システム×デザイン思考」「システミックとシステマティック」「社会システムデザイン」，第3章「システムの科学と哲学」，第4章「コミュニティ支援型農業（CSA）の研究」，第5章「SDMの学びを活かして新規事業を推進」「SDMの思考体系を武器に復興に挑む」「SDM学を経営に活かす」

矢向　高弘
教授

◆**専門分野**
符号理論，コンピュータネットワーク，ヒューマンコンピュータインタラクション，信号処理，機械学習，デジタルトランスフォーメーション

執筆項目
第2章「インテリジェントシステム」，第3章「高信頼インテリジェントシステム」，第4章「機械学習のためのデータ拡張」

山形与志樹
教授

◆**専門分野**
「環境」と「健康」が好循環する未来社会の共創を目指して，都市における建築・交通・人間行動を統合する新しい都市システムデザインのフレームワークを開発

執筆項目
第2章「持続可能なシステム」，第3章「持続可能都市システムの基礎・応用」，第4章「都市システムデザインに関する研究」

目次

第3章

第4章 研究の事例

第5章 人材育成の事例

第 1 章
いま，技術・社会の何が問題なのか？

この章では，慶應 SDM が必要とされる技術的・社会的背景について述べる。また，技術課題・社会課題に対して慶應 SDM ではいかにして俯瞰的問題解決を行なうかについて述べる。

1.1
学問分野の枠を超えて

自然環境の中で私たちがさまざまな営みを行なうこの社会は，科学技術に支えられている社会技術システムと捉えることができる。そこでは，水力・火力・原子力発電所，クリーンエネルギー，医療技術，福祉技術，航空機，自動車，ロボット，宇宙ステーション，人工知能，クラウドコンピューティング，ビッグデータ，情報技術などの科学技術システムが私たちの暮らしを安全で安心なものとするために大きく貢献している。一方で，ひとたび何らかの災害などが発生すると社会技術システムが容易に綻びを見せることもまた事実である。

このように現代社会では，さまざまなシステム間の相互依存関係が大規模・複雑化した結果，これまでの単一の学問分野のみではその問題解決が困難な状況になっている。たとえば私たちの生活をより良くしようと人工知能やロボティクス技術を活かそうとする場合，細分化された学問分野を学んだ者だけでこれに対処することはできない。真に社会の役に立ち，倫理的な問題が生じないようにするためには，学問分野の枠を超えて，多様な者同士がともに協力し解決に導く必要がある。

慶應義塾大学大学院システムデザイン・マネジメント研究科（慶應 SDM）では，システムズエンジニアリング，システム×デザイン思考，プロジェクトマネジメントを学問基盤とし，細分化された学問分野を横断して問題解決に導くために関係する者同士が熟議することの重要性を踏まえて教育と研究を行なっている。システムズエンジニアリング，システム×デザイン思考，プロジェクトマネジメントの詳細については第2章で述べるが，慶應 SDM の教育・研究では，科学技術の問題のみを対象とするばかりではなく，科学技術に支えられている社会をより良くしていくことをも射程にとらえている。まさに「木を見て森も見る」ことを基本として問題解決に導くことを，学問として実践している。次節以降では，現代社会がさまざまな側面で抱えている問題について考えてみよう。

1.2
コネクティッドされスピードが求められる現代社会

地球規模の空間スケール，百年・千年単位の時間スケールで社会を俯瞰してみよう。これまでの歴史では，社会の変革には数百年～数千年単位の時間をかけ，地理的にさまざまな場所でその社会が変化してきた。農耕革命にも産業革命にもその前後では大きな社会の変化があったが，長い時間をかけて変革を遂げている。ところが情報革命によっていわゆる情報社会に移行した現代は，ネットワークでさまざまなつながりをもつようになり，人もモノも情報も瞬時に行き交うことが可能となった。

人やモノや情報がさまざまな形でコネクティッドされた社会では変革のスピードが飛躍的に速くなる。社会の変化は自然環境，人々の暮らし，それを支える社会インフラ，法律，制度などへ多岐にわたって影響を及ぼす。大きくかつスピーディに社会が変化することへ，社会でさまざまな営みをする人々は果たしてついていけるのであろうか？　また，こうした社会全体の変化は地政学的なリスクを生じさせやすくしてしまうのではないか？　など，新たな課題を抱えることになるものと考えられる。

日本政府は 2016 年に第 5 期科学技術基本計画で，狩猟社会（Society 1.0），農耕社会（Society 2.0），工業社会（Society 3.0），情報社会（Society 4.0）に続くものとして Society 5.0 を提唱した。サイバー空間（仮想空間）とフィジカル空間（現実空間）を高度に融合させ，経済発展と社会的課題の解決とを両立させて新たな未来社会をつくろうとするものである。日本の社会には少子高齢化，国際競争力の低下，縦割り組織の弊害，外交問題，震災などの災害対策の課題，格差拡大や福祉の課題など問題が山積しており，これらの社会的課題の解決を経済発展と両立させようということである。世界から貧困・飢餓をなくすこと，質の高い教育を提供することなど SDGs の 17 の目標の達成や，地球規模での温暖化への取り組み，持続可能なサプライチェーンの構築など，現代から未来に向けての多様な課題の解決は待ったなしの状況にある。

1.3
さまざまなコトがつながるということ

情報技術の発達によりさまざまな情報がネットワークを介してつながることにより人同士のつながりは容易となり，さまざまな分野のミクロの領域からマクロの領域までが高度にネットワーク化されることとなった。商品の品揃えという観点では，ニッチな個別の商品では販売数量は少ないもののそれらを幅広く取り揃えることで全体の商品数量を多くすることができるロングテールを狙うビジネスを可能とした。

社会的な活動という観点では，個々人のつながりが原動力となって社会貢献への参加機会を増やすこととなった。それは個人的なあるいは社会的な活動にとどまらず，ビジネス，政治を通じた活動に及ぶ。社会学，政治学，経済学，経営学などでは，ソーシャルキャピタル（社会関係資本）という概念が用いられ，人々のつながり，規範，信頼関係の重要性が論じられる。企業では，営利だけを目的にするのではなく，社会問題の解決を第一目的にしたソーシャルビジネス（社会的企業）が出現している。BOP（ベースオブザピラミッドまたはボトムオブザピラミッド：貧富の階級の最貧困層という意味）ビジネスは，ネットワーク化された社会の中で大きな市場を占める貧困層にビジネスを届けるようにすることを表わしている。貧困層や低所得者層向けへの小規模の貸し付けを可能とするマイクロファイナンスがBOPの好例といえる。

情報ネットワークの進化によってあらゆるものごとがコネクティッドされた状況にあり，これはビジネスや政治の分野での大規模・複雑化の進展を増幅させ，いわゆるSoS（System of Systems）としての性質を呈することとなった。上述のように，これにより結果的に良いことが生じることはある反面，新たな課題が現れてくる可能性は否定できない。こうした課題を解決することは容易ではなく，さまざまな観点からの熟慮と個別の学問を超えた協力体制こそが複雑にもつれ合った課題を解決に導くことに貢献できると考える。慶應SDMでの教育・研究の成果が問われるところである。

1.4 産業・ビジネス，政策，経済安全保障・食料安全保障，カーボンニュートラル，災害・安全対策に関する課題のトレンド

さまざまなモノやコトが互いにつながる大規模で複雑な世界では，不確かさがますます増大し，先を見通すことはきわめて難しくなる。過去の経験知だけでは計り知れないさまざまな事象が起き，現代から未来にかけて社会を構成する人々の暮らしを脅かしはしないだろうか。こうした不安がある一方で，私たち自身の現在の行動によって未来が決まることもまた事実である。以下では，産業，ビジネス，政策，経済安全保障，カーボンニュートラル，災害・安全対策の観点から，対応すべき課題のトレンドをとらえてみたい。

1.4.1　産業・ビジネス

さまざまな産業分野で今後見逃すことができない課題は地球温暖化，カーボンニュートラルへの対応，そして持続可能なサプライチェーンの確保である。農業，食品産業，ヘルスケア産業，素材産業，エネルギー産業，製造業でもサービス業でも，これらの課題へ対応していることをデータにより最終プロダクトへトレーサビリティを確保した形で示さなければならなくなる。EUからは，Gaia-XやCATENA-XあるいはManufacturing-Xといった，さまざまな産業におけるデータ連携の仕組みの構築を迫られている。情報革命によりデジタルデータ間の連携はできるようになったものの，企業間連携が大きなハードルになっている。しかしながら，カーボンニュートラルに関しては2030年～2050年にかけてこれに準拠することに抗うことは容易ではない状況にある。

現状ではデジタルトランスフォーメーション（DX）による変革は待ったなしの状況にあり，エンジニアリング分野ではデジタルエンジニアリング（DE）への真の移行が急がれる。これらの業務でスピードが求められるところでは，人の判断を待たず人工知能（AI: Artificial Intelligence）による自律的な判断が優勢となる可能性があるため，AI 倫理の課題への配慮が必要となる。

1.4.2 政策

地球温暖化，カーボンニュートラルへの対応，持続可能なサプライチェーンあるいは教育，健康保険，社会保険，安全保障，科学技術などに関する政策は，それぞれの国の現在から将来にわたる国民の生活，産業，外交・国防にとって極めて重要である。これからの 50 年，100 年という大局を見定めて政策を決めていくことは重要なことであり，それには多様な利害関係者との熟議が必要である。そのためには政治への国民の関心を高めることが必要であり，将来にわたる課題をオープンに国民に示すことにより，それぞれが主体性をもって自分事として課題を捉えられるようになると考えられる。これまでに述べてきたとおり，ネットワークによりさまざまなモノ・コトがコネクティッドされる時代である。政策の意志決定に際して，こうした情報技術を用いさまざまなつながりを正当に活かすことが今後，ますます求められるものと考えられる。

1.4.3 経済安全保障・食料安全保障

外交・安全保障では，国としての全体理念・ビジョン，そしてミッション，戦略・戦術などを定義した上でその政策を立案する必要があり，まさに「木を見て森も見る」俯瞰的視点が求められる。サプライチェーンはさまざまなモノ・コトがコネクティッドされることにより国際的につながって成立するものであり，この分断は国の経済面に関する地政学的なリスクになる。

今後，カーボンニュートラルに向けての対応で必要となる自動車の電動化はバッテリ技術の進展とエネルギー供給の確保によって達成できるものと考えられる。これを成立させるためのサプライチェーンには，電気自動車の製造ステージでの（リチウムイオンなど）バッテリ原材料の供給元の確保や，運用ステージで充電するために必要なエネルギー源の確保が必須となる。これらは直接的に経済安全保障上の課題に関係するものである。

食料安全保障の観点からは日本の場合，水資源がその根幹をなすものであることから，里山を守る活動がこれに密接に関わる。省庁としては国土交通省や農林水産省が大きく関わることとなる。

1.4.4　カーボンニュートラル

前述したとおり地球温暖化は大きな課題であり，あらゆる産業でそこへの対応が迫られている。TCFD（Task force on Climate-related Financial Disclosures）「気候関連財務情報開示タスクフォース」のもとでは，GHG（Green House Gas）プロトコルで定義された温室効果ガスの排出方法，排出主体により，Scope 1（直接排出量），Scope 2（間接排出量），Scope 3（その他の排出量）に区分し，これらの合計をサプライチェーン全体の排出量としている。

サプライチェーン全体で温室効果ガス排出量に関するデータを連携させるこうした動きに対して，消費者に届く最終製品を扱う大企業では 2030 年あるいは 2040 年をめざして対処する方向にあるものの，中小企業での取り組みは必ずしも順調に進展していない。このことは国の経済全体に大きく影響を与えるものであり，製造業の基盤を揺るがしかねないため，目的の共有や資金面での支援を含めた総合的な対策が必要になる。

企業での CO_2 排出量の把握には企業活動に際しての電力消費や燃料消費を明らかにすることが必要となる。企業での DX や DE の推進により，これらの消費量を明らかにすることは生産性や作業効率の向上に資するものであり，企業が成長するうえで重要な取り組みになると考えられる。一方で，こうした取り組みにかかるコストについては，中小企業が自社の製品の販売価格に転嫁できないという課題もあり，単なる企業努力に任せるような形ではなく適切な政策が必要と考えられる。

1.4.5　災害と安全対策

地震・台風などの自然災害，地球温暖化やさまざまな地域での急速な人口の増加，都市化の影響による洪水などの災害，社会インフラの老朽化による災害，地政学的な課題を原因とする武力衝突など，人々の暮らしを揺るがしかねない事態が今後も多発すると考えられる。社会全体が大規模で複雑なシステムとなっていることを考慮して，こうした災害からいかに国の安全を確保するのか，国際的な連携の中で明確な取り組みを考え，具体的な行動に結びつける必要がある。

1.5
「システム」「デザイン」「マネジメント」の視点からの俯瞰的な問題解決

ここまでに述べてきたさまざまな課題に対して慶應SDMでは次の4つのアプローチをとっている。

① 大規模で複雑な社会システムを多様な視点から俯瞰的にとらえ，さまざまな学問分野を横断して関係する者同士が熟議し，問題の本質を相互理解すること（システムとして考え理解すること）
② さまざまな視点からとらえた現状のシステムとしての問題を解決に導くため，全体をとらえて反復的に分析（analysis）し，あるべき姿を創造的に総合（synthesis）すること（システムデザイン）
③ 長期的な視野で大局をとらえるリーダーシップをもって，プロジェクトやビジネスの複雑性に対処し求められるシステムを実装し必要に応じて改善すること（システムマネジメント）
④ これらのための学問体系を構築し，これを実践する人材の育成を行なうとともに，具体的な問題解決を行なうこと

上記①，②，③を合わせた学問体系④がシステムデザイン・マネジメント学であり，私たち慶應SDMは，学問や専門性の壁を越えた全体統合型学問「SDM学」の構築と，それを実践する人材の育成を15年にわたって行なってきた。さまざまな課題が極めて複雑に絡み合ったシステムを理解したうえで，多様な人々が協力することによりこれまでにないイノベーティブな解決策を創造的にデザインし，そしてその解決策としてのシステムを長期的な視野でマネジメントしていくこと，このアプローチをしっかりと身につけた人材を輩出してきた。

このような意味でSDM学は，さまざまな分野や領域で綻びを見せる現代社会が必要とする，世界的に類を見ない新たな学問体系であると自負している。官公庁，企業に所属する者，個人事業主，教員，アーティストなど，過半数は企業派遣を含む社会人学生であり，文理，年齢，国籍の壁を越えた多様な学生で構成されている。そして，それぞれがもつ問題意識のもと，さまざまな社会技術システムを対象にSDM学に基づく問題解決に挑んでいる。

産学官連携としては，他研究科や他大学院と連携した研究，企業との共同研究やコンサルティング，研修などの形で，製品やサービスの開発，企業間連携型の問題解決，起業，政策提言，地域活性化などのさまざまな成果を着実にあげてきた。今後も，さらに官公庁や企業，国内外大学との連携を強化し，真の意味で社会に貢献するため，皆で力を合わせる協働に基づき努力を続けていきたい。

第 2 章

SDM 学を読み解くキーワード

この章では，用語を定義しながら，慶應 SDM のフィロソフィーと具体的内容について述べる。辞書のように見ていただいてもいいし，読み物として順に読んでいただくこともできる。

2.1

システム

まず，慶應 SDM における，「システム」の広義の定義について述べよう。

システムとは，「複数の要素が相互作用するとき，その全体のこと」である。そして，システムは創発する[1)]。創発とは，要素の振る舞いを見ていても生じない振る舞いが，要素の相互作用するシステムにおいては見られるということである。

たとえば，弓矢はシステムである。弓と矢という複数の要素からなり，両者が相互作用することによって使用されるから。では，矢はシステムか。一見，1つの要素からなるように思えるかもしれないが，手で持つ部分と突き刺さる部分からなり，複数の要素があることによって成り立っているから，システムである。情報システムも，交通システムも，組織も，社会も，人間も，システムである[2)]。抽象的なシステムもある。言語や価値もシステムである。幸せや感動や誠実や憎悪も，その概念は複数の要素から成り立つのでシステムである。

なお，システムズエンジニアリングにおけるシステムの定義はやや狭義なので，注意が必要である。

INCOSE Systems Engineering Handbook（Wiley）によると，定義は次のとおりである。

> システムとは，定義された目的を成し遂げるための，相互に作用する要素（element）を組み合わせたものであり，ハードウェア，ソフトウェア，ファームウェア，人，情報，技術，設備，サービスおよび他の支援要素を含む。

狭義である点は，「定義された目的を成し遂げるための」という条件が付加されている点である。これは，「システムとは」ではなく「システムズエンジニアリングにおいてデザインの対象とするシステムとは」についての説明であると考えれば納得がいく。つまり，一般的には，設計者がデザインする対象ではない太陽系（Solar System）も（自然発生的な）社会（Social System）も広義のシステムであるが，これらが何らかの目的を達成するためのものではないことは自明である。

つまり，慶應 SDM では，設計対象であるシステムと，設計対象を取り巻くシステムを，いずれもシステムと定義する。なぜ，このようにシステムズエンジニアリングよりも広義の定義をする必要があるかというと，たとえば社会学者ルーマンが社会システムというときに定義するような，その構成要素の振る舞いを完全には記述できないような，不確定性を含むシステムも研究・教育の対象とするからである。

システムズエンジニアリングの最先端の１つに，システムオブシステムズ（System of Systems）という概念があるが，前者は広義のシステム，後者は狭義のシステムである。つまり，たとえばインターネットのようなシステムは，定義された目的を成し遂げるためのシステムの集合体であり，必ずしも全体システムは何らかの目的を成し遂げるためのものではない。このように，さまざまな考え方があるため，システムの定義については，つねに最先端の動向に注目している必要があろう。

参考文献

1）前野隆司：思考能力のつくり方，角川 one テーマ 21，2010.
2）オリヴィエ・L・デ・ヴェックほか著，春山真一郎監訳，神武直彦・白坂成功・冨田順子訳：エンジニアリングシステムズ――複雑な技術社会において人間のニーズを満たす，慶應義塾大学出版会，2014.

2.2

デザイン

慶應SDMでいう「デザイン」とは，「新たに何らかのシステムを創造し，そのアーキテクチャを定義し，その全体から部分までを適切につくりあげるという営み全体」を指す。対象とするシステムは，技術システムから社会システムまでさまざまである。意匠デザインも，ハードウェアの設計も，ソフトウェアの設計も，サービスの設計も含む。ここでいうサービスは広い意味である。政策の提言も，コンフリクトの和解案の提案も，問題解決方法論の具現化も，社会のモデリングも，そして，技術システムの使い方のデザインも，すべて含めてサービスシステムのデザインである。つまり，何かを新たに構築することは，すべてデザインである。このように，広い意味でデザインという単語を定義している。

ここで，「アート」と「デザイン」のちがいについて述べておきたい。アートは，人の役に立つことよりも純粋な自己表現を優先するのに対し，デザインは役に立つことにつながっている。サイエンス（科学）とエンジニアリング（工学）の関係に似ている。サイエンスは，純粋に真理の探求をめざす。エンジニアリングは役に立つことをめざす。すなわち，サイエンスとエンジニアリング，アートとデザインは相似な構造をしている（図の上下の軸）。図の横軸を見ていただきたい。サイエンスとアートが対極にあり，エンジニアリングやデザインは有益性をベースに両者を橋渡しするものととらえることもできる。サイエンスは再現可能な法則の発見をめざす。一般に，主観の入り込む余地はない。一方，アートは他とは異なる自己表現の究極をめざす。再現性はめざさない。まさに対極である。エンジニアリングやデザインは，サイエンスが得た知見を利用しながらも，再現可能な発見ではなくオリジナルな発明をめざす。つ

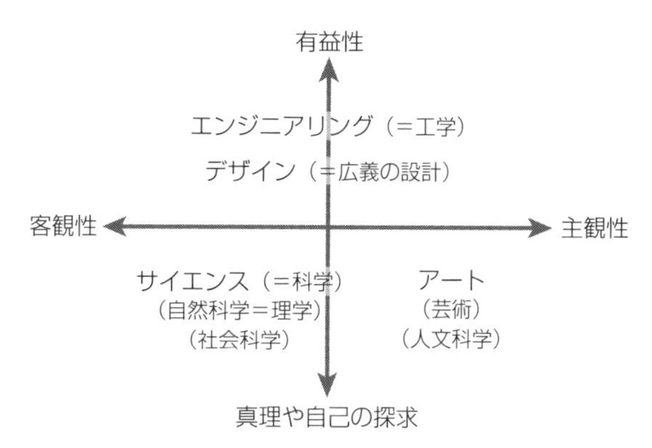

図　それぞれの分野は何を重視する傾向があるか？

まり，アートの要素を含んでいる。この観点からは，どちらかに偏らないバランスのよい領域であるということもできる。

サイエンスとアートを追究することは，ある意味，まわりの目など気にせず，心の欲するところに従う，自分に対して純粋な営みである。その成果が社会にどう影響するかということに対しては無頓着になりがちである。一方，工学とデザインは，社会の役に立つ代わりに，社会からの独立を曖昧にし，社会に迎合する危険をはらむ。結局はバランスなのである。

そして，デザインとは，主観と客観のバランス，サイエンスとアートのバランス，発見と発明のバランス，純粋な追求と社会への貢献のバランスをとって，使用者の便益を考慮しながら新しいものを創造する営みなのである。よって，人間のあらゆる営みは生活に資する以上，デザインであるといえる。慶應SDMでは，そのような広い意味でのデザインを学問体系として探求しているのである。

ちなみに，慶應義塾創立150年の際（慶應SDM設立当初）に，「独立と協生という二焦点をもつ楕円」という考え方が提唱された。この図の上に楕円を描くとすると，下半分と上半分に焦点をもつ楕円となる。福澤先生のいわれていたサイヤンス（science，実学）は，この図全体を包含する広義の科学であると考えられる。

2.3

マネジメント

慶應SDMでいう「マネジメント」は，経営，管理，運用という意味を含む。

経営とは，まさに企業の経営というときに使われる単語であるが，もう少し小さな組織の運営も含む。組織の経営やプロジェクトマネジメントである。管理には，人間の集合体である組織の管理と，技術システムや社会システムなどのシステムの管理を含む。運用も同様である。組織の運用とシステムの運用を含む。つまり，あらゆるシステム（ここでいうシステムはもちろん広義のシステムである）をサステナブルに維持していくこと全般を含むのであって，単に経営だけを指す，あるいはプロジェクトマネジメントだけを指すのではない。

ここで，プロジェクトマネジメントについて少し詳しく述べておきたい。プロジェクトマネジメントというと，大規模プロジェクトの運営・管理の学問で，システムズエンジニアリングの一部であると思われがちだが，小規模で短納期なプロジェクトや，変化に応じて機動的に舵取りをするアジャイル型開発のマネジメントも含む。リーダーシップなどの従来型マネジメントスキルは当然ながら，ステークホルダーの満足をめざして新しいものを創るという点では，バランスのとれたシステムデザイン感覚も要求されるのである。

近年急速に体系化が進められている学問なので，MBA（Master of Business Administration；経営学修士）やMOT（Management of Technology）に比べると歴史は浅いのだが，それだけにMBAやMOTを学んだうえで，さらに広いマネジメントを学びたい，と慶應SDMに来る学生も少なくない。プロジェクトマネジメントをはじめ，システムやデザインを意識した幅広いマネジメント能力を伸ばす教育が，彼らの魅力になっているといっても過言ではない。

2.4

システムデザイン・マネジメント

「システム」「デザイン」「マネジメント」の定義についてはすでに述べた。これらをつなぐと,「要素間が関係するあらゆるものごとに関するさまざまな問題を，社会のニーズを重視しながら新たにイノベーティブに解決できるソリューションを提案し，その妥当性・有効性を検証し，そして，そのソリューションを実際に運用していくこと」。要するに，あらゆる問題に対して，全体俯瞰的・全体統合的な視点から問題解決策を見い出し，その妥当性・有効性を検証し，それを実際に具現化し，マネジメントしていくことである。システムデザイン・マネジメント学（SDM学）とは，それを可能にする学問体系の全体を指す。もちろん，慶應SDMは2008年に始まったばかりなので，SDM学も若い学問である。よって，骨格は完成しているが，細部は進化中である。この学問が必要な理由は，第1章で述べたように，現代の社会や現代の学問が大規模・複雑化するとともに細分化・縦割り化されつづけていて，全体俯瞰型・全体統合型の学問を必要としていたという時代の要請による。

SDM学の基盤となるのが,「システムズエンジニアリング」,「プロジェクトマネジメント」および「システム×デザイン思考」である。これらの詳細についてはこの後で詳しく述べる。

SDM学はどんな分野をカバーしているのか，と尋ねられることがある。答えは，あらゆる分野である。科学技術システム，地球環境問題，環境共生システム，安心・安全技術と安全保障，ヒューマンインタフェース，情報・通信・メディア，モビリティ，都市空間と住空間，地域，組織，コミュニティ，医療・医薬，農林業，宇宙，海洋，外交，政治，経済，経営，マーケティング，コンサルティング，教育学，社会学，心理学，認知科学，アート，体育学，文

システム
→デザイン
＋マネジメント

システムのモデリングやシステムズエンジニアリングを体系的に学べることも慶應 SDM の魅力ですが，うちの会社が弱い，デザイン思考・イノベーション・創造性・集合知についても徹底的に学べる点。つまり，左脳と右脳をフル活用する力を磨く醍醐味。これが SDM の魅力です。

大学学部
→システム
＋デザイン
＋マネジメント

社会人学生と接することは新卒学生にとっては想像もしていなかったほど大きな学びです。こんなに成長できる大学院は他にありません。勇気を出して SDM に来てよかったです。就職実績も抜群です。シンクタンク，コンサル，商社，メーカー，そして起業など，さまざまな進路で活躍できます！

MBA（ビジネススクール）や MOT（技術経営）で学べる要素を，システムとしてつなぐところまでやるから，本質的なレベルで使える総合力が身に付くのが SDM。しかも世界を変えるという大きな志を持つ者の集団。会社経営をしながら学ぶ者にとっても，日々是学びですよ。

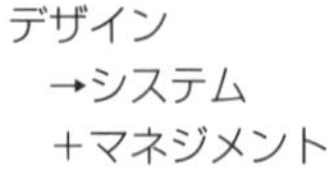

インダストリアルデザインなどのデザインの考え方はすでに理解していますが，それを全体システムとしてどうビジネス化につなげていくかを学ぶことができます。デザイナー，アーティスト，スポーツマネジメントをする者から起業家まで，多様でおもしろい人間が交流する場です。

図　慶應 SDM の魅力は？

学，哲学。いずれにせよ，単なる専門研究を行なうのではなく，社会のニーズを徹底的に明らかにしてから詳細研究に移る。また，単なる調査研究ではなく，必ず新しいシステムを提案（デザイン）し，検証（Verification and Validation）する。つまり，あらゆるシステムのデザインとマネジメントを行なうための学問体系が，SDM 学である。

そして，SDM 学についての教育・研究を行なっているのが，システムデザイン・マネジメント研究科（慶應 SDM）である。慶應義塾大学日吉キャンパス協生館に設置された大学院（修士課程・博士課程）である。

慶應 SDM ではどんな人が学んでいるのか。答えは，あらゆる分野，あらゆる年齢層，さまざまな国籍。理系から文系まで，さらに，芸術系，体育系も。新卒学生から社会人学生まで。社会人学生の出身は，メーカー，サービス，シンクタンク，金融，建築，アート，マスコミ，コンサルタント，法曹，医療，省庁，自治体，教育，経営者まで。過半数は社会人学生である（**図**参照）。

慶應SDMで学んだ者は何を身につけ，どんな分野で活躍するのか。システムとしてのものの見方，イノベーティブ・クリエイティブなデザインの仕方，リライアブル・サステナブルなマネジメントの仕方を身につけて，あらゆる分野で活躍している，というのが答えである。すなわち，育成する人材は「システムズデザイナー」「プロジェクトリーダー」「ソーシャルデザイナー」である。きわめて部品点数の多い大規模技術システムや，新規性が高く用途が多様な最先端技術システムを適切にデザインするシステムズデザイナー，きわめて参加者の多い大規模プロジェクトを運営していくプロジェクトリーダー，きわめて不確定性や変動性の多い環境問題や社会問題に対して斬新な社会システムを提言するソーシャルデザイナー。

要するに，どこに就職するのかという実績でいうと，シンクタンク，コンサルティング，メーカー，商社，証券，銀行，サービス，官公庁などさまざまである。業種も，企画，経営，エンジニア，営業，管理，教育など多様である。これまでのどの学部，研究科でもなかなか輩出できなかった「学問分野の壁を越えて全体俯瞰的・全体統合的視点から解決策を導きだせる人材」へのニーズに応えているため，就職実績はきわめて高い。時代がSDM学を求めているといえよう。

参考文献

1) 神武直彦・前野隆司・西村秀和・狼嘉彰：学問分野を超えた「システムデザイン・マネジメント学」の大学院教育の構築，Synthesiology, Vol. 3, No. 2, pp. 112-126, May 2010. https://www.aist.go.jp/pdf/aist_j/synthesiology/vol03_02_p112_p126.pdf

2.5

システムズエンジニアリング

慶應SDMの学問の中心の１つである「システムズエンジニアリング」は「システム科学」,「システム思考」とともに複雑な問題を解決に導くためのシステムズアプローチの基本をなしている。システムズエンジニアリングに関する国際協議会INCOSE（International Council on Systems Engineering）では,システムズエンジニアリングを「システムの原理と概念，そして科学的，技術的および管理的手法を用いて，人工的なシステム（engineered system）を成功裏に実現，使用，廃棄するための学際的で統合的なアプローチ」と定義している[1)]。2.1節にあるとおり，システムという概念は非常に広く，システムズエンジニアリングで扱うシステムの範囲はその中ではやや狭義ではあるものの，デザインし構築する対象としてのシステムは広範囲におよぶ。

システムズエンジニアリングには半世紀を越える歴史がある。世界初のシステムズエンジニアリングの標準は1969年にアメリカが空軍向けに制定した軍用規格で，人類初の月への有人宇宙飛行計画「アポロ計画」はシステムズエンジニアリングによって成功したといわれている。システム開発全体を複数の段階に分け，各段階で審査を行なって次に進む「段階的プロジェクト計画」方式などはアポロ計画で確立され，1970年代にはこれが民生品開発にも普及した。ただ，この時代に都市計画や社会福祉への応用が試みられられたものの失敗に終わったものもあったという[2)]。

このような時代を経て，1990年以降，ソフトウェアの普及とともに開発対象としてのシステムの複雑性が急激に増大することとなる。いわゆる情報技術や情報システムが社会，ビジネス，製品にとって必要不可欠なものとなってきた。こうした中で2003年に防衛・航空・宇宙関連のシステムズエンジニアリングの国際標準がソフトウェアエンジニアリングの国際標準と統合される。もはや，System of Systems（SoS）のコンテキストの中で対象のシステムを考えなければならなくなったわけであるが，「システムと言えば，情報システムである」と言い切る“システムエンジニア”は日本に限らず世界中に存在するようである。情報システムを対象として考えられた Zachman フレームワークがビジネスや事業体を対象とするエンタープライズアーキテクチャとなったことがその一因とも考えられる。しかし，このフレームワークが米国国防総省に向けた DODAF へと発展し，そしてビジネス展開されてきたことを見落としてはいけない。

こうした背景の中で INCOSE の対象とするシステムは，慶應 SDM の設立後のこの 15 年の間にも拡大し続けており，その範囲は製品やサービスにとどまらず，ビジネスや社会へ拡がりを見せている[3)]。SoS をデザインし構築する対象として考えるために DODAF, MODAF, NAF を統合した UAF が OMG から発行された。現状（As-is）のビジネスからさらにより良い価値を市場にもたらすあるべき姿（To-be）へ変革することを目指し，慶應 SDM では文系と理系という旧来の分野を横断し，アートとサイエンスを融合した学問を実践する。この実践の柱に，全体を見通して対象をシステムとして考え，分解と統合そして分析と総合を反復するシステム思考を基本とするシステムズエンジニアリングがある。

参考文献

1) D. Walden et al. : INCOSE Systems Engineering Handbook. A Guide for System Life Cycle Processes and Activities, 5th Edition, Wiley, 2023
2) Jack Reid and Danielle Wood : Systems Engineering Applied to Urban Planning and Development: A Review and Research Agenda, *Systems Engineering*, **26**, pp.88–103, 2023 DOI: 10.1002/sys.21642
3) Systems Engineering Vision 2035, INCOSE,（INCOSE 日本支部（Japan Council on Systems Engineering）による日本語翻訳版 <https://www.jcose.org/se-vision-2035/>）

DODAF: Department of Defense Architecture Framework, MODAF: Ministry of Defense Architecture Framework, NAF: North Atlantic Treaty Organization Architecture Framework, UAF: Unified Architecture Framework, OMG: Object Management Group,

＊ UAF については 2.23 節を参照されたい。

2.6

システム×デザイン思考

広義のシステム思考とは，ものごとをシステム（要素間の関係性）としてとらえることである。デザイン思考とは，チームで観察（Observation），発想（Ideation），試作（Prototyping）をなんども繰り返しながら協創するイノベーティブな活動を指す。

システム×デザイン思考とは，論理的な視点で「木を見て森も見る」ような，いわゆるシステム思考の視点と，感性も駆使した視点で顧客価値を重視しながら新たな製品やサービスを見つけ出すような，いわゆるデザイン思考の視点の両方をもちながら，デザインの対象に接していくことを指す。顧客ごとの価値の構造と自らの強みを多視点から可視化することによって，イノベーティブな製品やサービスのデザインを行なう。

多くの場合，Observationとは，デザインの対象にふさわしい場所を訪れて，観察したり，関係者から聞き取り調査を実施したり，資料を持ち帰るなどの調査に基づく手法を指す。デザイン思考におけるObservationは，量的調査とは異なり，調査者や観察者自らが，調査される対象，観察される人たちの中に入り込んで，主観的に感じて調査する質的な活動を指す。単にアンケート調査をしても，意識化された問題しか抽出できない。人々が無意識に感じていて，まだ言葉にできていないような問題をとらえるためには，観察者自らが対象者のコミュニティに能動的に入り込み，感性を働かせ，対象となる者の無意識的な活動をからだで理解する必要がある。この際に「○○は△△のはずだ」といった固定観念に基づく仮説をもちすぎず，仮説が潜在意識からあぶり出てくるのを待つことが重要である。観察者が対象者の無意識の声を聞くことである。

システム×デザイン思考では，以上の両者，すなわち量的調査と質的調査を行なう。

Ideationとは，集団でアイデアを出し合うことによって，新たな発想を誘発する手法であるブレインストーミングなどによって，斬新なアイデアを生み出すことを指す。AとBのどちらが正しいかといった議論を戦わせるのではなく，AとBの相乗効果を出し合いながら，対立ではなく融合してアイデアをブラッシュアップしていくのである。

システム×デザイン思考では，ブレインストーミングのような右脳的な活動と，構造シフト発想法のような創造性に対する構造的理解を利用するタイプの左脳的な創造技法を，両方とも用意している。

Prototypingとは，手やからだで考えて短時間に多くのアイデアを試し，改良する活動を指す。一般的な試作は，設計した製品が確実につくられているか否かを評価・検証するのが目的であった。これに対し，デザイン思考におけるPrototypingは，試作者がコンセプトの特徴を確認し，それをチームでも共感するほか，意見を求めた人から共感を得たり，あるいは指摘を受けて直すべき点をその場で直すといった，そのまま創造につながる活動である。ラフに試作し，どんどん失敗し，つくりながら考える。頭ではなく，手で考える，からだで考える，そんな活動である。

システム×デザイン思考では，確実な評価のための試作と，手でつくりながら考える創造的な活動としての試作を併用する。

戦後日本の伝統的教育では，一般的に，あまり感情的になりすぎず，冷静に，理性的に物事をこなす教育が重視されてきた。それも重要だが，感性も活かすことが，自由に発想することにつながるのである。イノベーションのためには情熱やポジティブ志向が重要である。これは，まさに，情熱やポジティブ志向が右脳的な活動だからである。精神論ではなく，左脳・右脳を連携させ融合させるために，システム×デザイン思考が重要なのである。

参考文献

1）前野隆司ほか：システム×デザイン思考で世界を変える―慶應SDM「イノベーションのつくり方」．日経BP社，2014.

2.7
V字モデル

V字モデルは，システムズエンジニアリングの根幹となる考え方の1つであり，慶應SDMでもV字モデルに則って考えることを基本としている。

V字モデルは，システム開発の基本的な考え方を表わす。**図**に示したように，V字モデルの左側はシステムデザインといわれ，要求分析とアーキテクティングを実施することでシステムを構成する構成要素（サブシステム）へと分解することを表わしている。V字モデルの右側は，実現されたシステムを構成する構成要素を統合（インテグレーション）してシステムを実現することを表わしている。そして，V字モデルの左側・右側の両方で，評価・解析を実施する。V字モデルの左側で実施する評価・解析としては，たとえば，設計が正しいかどうかを確認するためのシミュレーションや，複数の設計候補案から1つを選定するために実施するトレードオフ解析などが該当する。V字モデルの右側で実施する評価・解析としては，試験があげられる。このとき，左側と右側のレベルがあわせてあり，V字モデルの左側での設計に対応した試験が，V字モデルの右側で実施される。また，右側で実施される試験のことを考えて，左側で設計を実施する。

V字モデルは，システム開発全体プロセスを表わすもの，と誤解されることがある。そのような場合もあるが，基本的にはシステム開発全体のライフサイクルとV字モデルは独立に考えられるものである。つまり，システムのライフサイクルを通じて，V字モデルが何度も繰り返されることもあり，また対象となるシステムの「部分」を表わすときにも使われる。たとえば，システムを構成する構成要素の1つが，これまでに使ったことのないような技術を活用したもので実現することを考えてみていただきたい。そのような場合，新しいこ

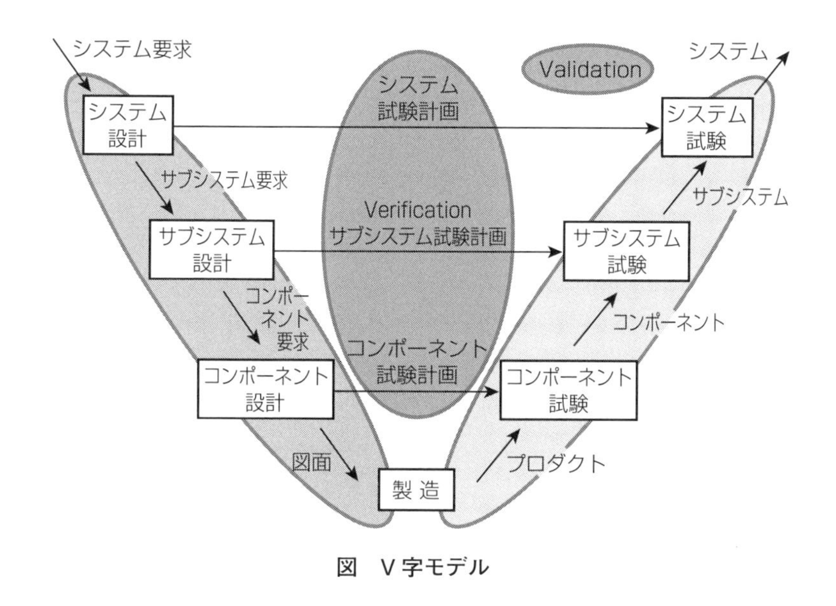

図　V 字モデル

とをいきなりやってうまくできない可能性を減らすために，試しにつくってみるということを考えるであろう。つまり，部分的に設計・製造・試験をして，うまくできることを確認する。そのうえで，全体を別の V 字モデルに従って設計・製造・試験をする。このように V 字モデルは，ライフサイクルを通じて複数となることもあり，またその範囲がシステム全体のときも，システムの一部分であることもありえる。

図は，システムが，システムレベル，サブシステムレベル，コンポーネント（要素）レベルの 3 段階に分かれるケースを表わしているが，システムのレベルはもちろん 3 段階でなくても（2 段階でも，n 段階でも）いい。

2.8 節の 2 元 V 字モデルでは，上の図の V 字モデルをエンティティ V とアーキテクチャ V に分けて記述している。具体的には，水平方向の各レベルでの役割を考慮し，それぞれのレベルにおいて左から右へ至る考え方をエンティティ V として表わし，すべてのレベルをつなぐ考え方をアーキテクチャ V として表わしている。

2.8

2元V字モデル

製品やサービスなどのシステム開発のプロセスを表わす**図1**の2元V字モデル[1]について述べる。この図は，開発対象とするシステムの分解と統合を表わす垂直方向の「アーキテクチャV」と，システム，サブシステム，コンポーネントのそれぞれの開発プロセスである，要求分析，アーキテクチャ定義，設計仕様の決定，製作，検証，妥当性確認を示す水平方向の「エンティティV」（**図2**）を同時に表わしている。

図1のVプロセスを進めるためには，システムアーキテクチャを定義し，システムを構成するサブシステムへの要求を確定し，その要求に従ってつくられて検証されたサブシステムをアセンブルすることでシステムを統合し，システムとしての検証を行なう必要がある。サブシステムは，システムレベルから受けたサブシステム要求に従ってサブシステムのアーキテクチャを定義し，サブシステムを構成するコンポーネントへの要求を確定し，その要求に従ってつくられて検証されたコンポーネントをアセンブルする。

こうした一連のプロセスには反復（iteration）や再帰（recurring）が必要となる。たとえばシステムアーキテクチャを定義するには，サブシステムの担当者との情報交換や部分的なプロトタイピングなどのボトムアップが必要となる場合がある。このような小さな手戻りを適切に行なうことで，QCD（Quality：品質，Cost：コスト，Delivery：納期）を守ることができる可能性は高まる。大きな手戻りが発生するとQCDを守れずに開発が失敗に終わることになる。

大きな手戻りを防ぐためにはシステムアーキテクチャの検討を十分に行なっておくことが重要であり，また，それに基づきガントチャートやデザインストラクチャマトリクス[2]を用いてどの部署がどのタイミングで何をするのかを

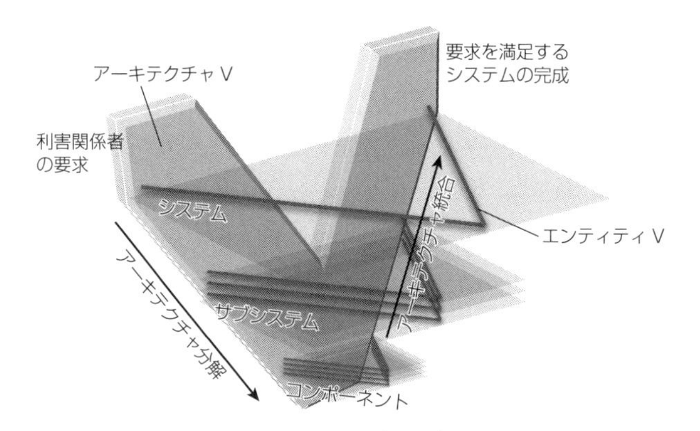

図1　2元V字モデル

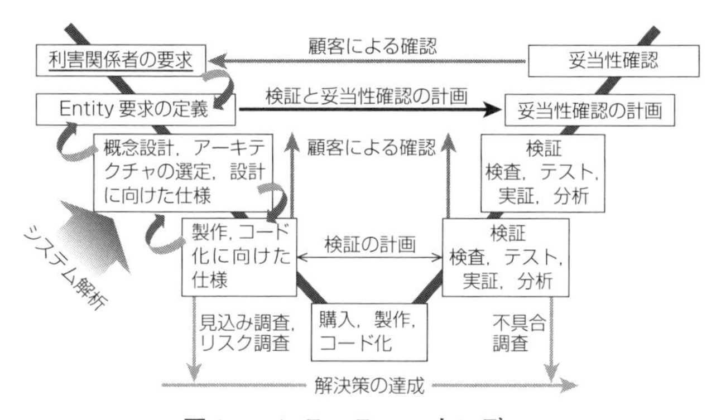

図2　エンティティV字モデル

事前に計画することが必要となる。より複雑なシステムオブシステムズ（SoS）を開発の対象とする場合についてはWAVEモデルが提案されている[3]。

参考文献

1）Kevin Forsberg, Hal Mooz, Howard Cotterman：Visualizing Project Management. Third Edition, John Wiley & Sons, Inc., 2005

2）西村秀和監訳，大富浩一・関研一訳：デザイン・ストラクチャー・マトリクスDSM―複雑なシステムの可視化とマネジメント．慶應義塾大学出版会，2014

3）J. Dahmann, G. Rebovich, J. Lane, R. Lowry, and K. Baldwin：An Implementers' View of Systems Engineering for Systems of Systems, 2011 IEEE Int. Syst. Conf. SysCon, pp. 212–217, 2011

2.9

アーキテクティング

アーキテクティングとは，アーキテクチャを設計する行為を指してよばれるものである。アーキテクチャとは，「システムが存在する環境の中での，システムの基本的な概念又は性質であって，その構成要素，相互関係，並びに設計及び発展を導く原則として具体化したもの」（JISX0170:2020）のことを指す。

一般的にアーキテクティングを説明すると，大きく以下の２つが重要となる。

- 複数の視点（Architecture Viewpoint）と対象の側面（Aspect）からシステムを見て，それぞれの視点から見えるもの（Architecture View）における要素と要素間の関係を定義する
- 異なる見えるもの（Architecture View）間の関係性を定義する

これを ISO/IEC/IEEE 42010-2022 Systems and software engineering－Architecture description では，図のように示している。

つまり，対象となるシステム（Entity of Interest）にはアーキテクチャが存在する。また，対象となるシステムにはステークホルダー（Stakeholder）が存在する。そのステークホルダーには関心事（Concern）があり，その関心事に対応した視点（Architecture Viewpoint）を設定することができる。その視点から見えるもの（Architecture View）が複数存在する。また，対象となるシステム（Entity of Interest）から必要となる見えるもの（Architecture View）も存在する。これらの見えるもの（Architecture View）を集めたものがシステムのアーキテクチャの表現（Architecture Description）である。

たとえば，一般的な技術システムでは，ステークホルダーとして，利用者と開発者が考えられる。利用者としては，どのように使うのか，どのような機能をもっているのかといったことが気になる。一方で，開発者としては，どのよ

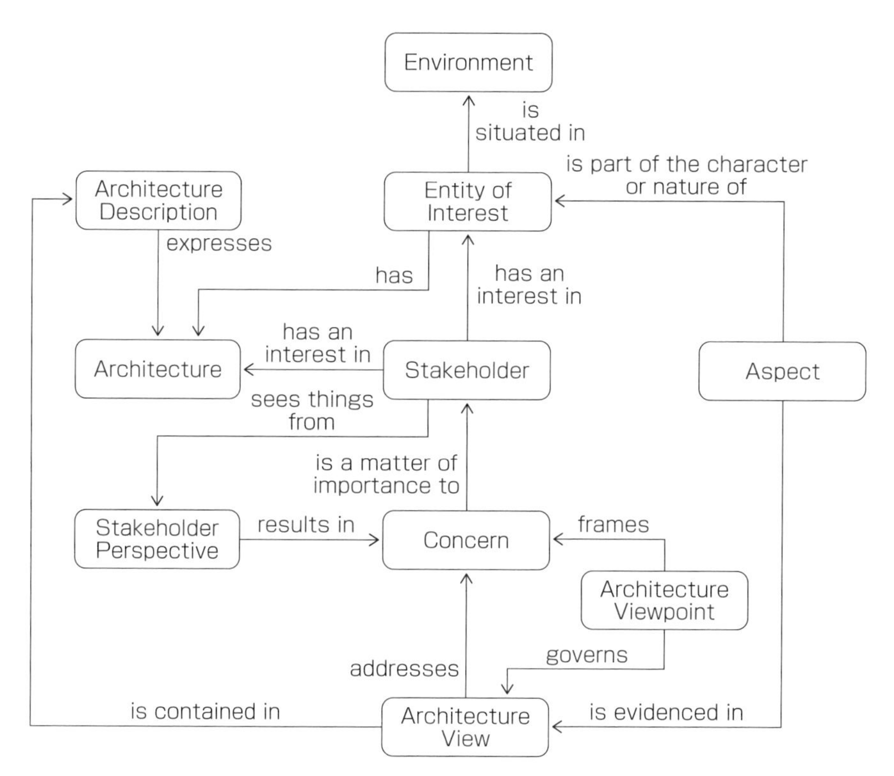

図　アーキテクチャ表現のコンセプトモデル（ISO 42010-2022 を一部改変）

うに機能を実現するかが気になると考えられる。このため，どのように使われるかの視点（運用視点，Operational Viewpoint）での設計（Operational View）と，どのような機能をどのようなサブ機能で実現するかの視点（機能視点，Functional Viewpoint）での設計（Functional View）と，どのようにサブ機能をハードウェアやソフトウェアで実現するかの視点（物理視点，Physical Viewpoint）での設計（Physical View）で考える。運用をどのような機能要素で実現し，機能要素をどのような物理要素で実現するかを重ね合わせによって決定する。これが一般的な技術システムにおけるアーキテクチャ設計である。

同様なことを組織の設計では，役割（役割視点）と組織（組織視点）で設計するなどして実現できる。

2.10

モデル

「モデル」の定義はさまざまあるが，学問分野で使われる一般的な意味としては「計算や予測を支援するための，システムまたはプロセスの簡略化した記述」[1)] である。もう少し広くとらえると，「物理世界にある実体，たとえばシステム，現象，プロセスを抽象化して表現したもの」といえる。理学や工学の分野では従来から，数学モデル，力学モデル，3次元CADモデルなどが利用され，それぞれ関心の対象とするシステムの分析や設計が行なわれている。

慶應SDMでは，さまざまなシステムをデザインしマネジメントするなかでモデルが利用され，システム，現象，プロセスの改善をめざしている。人はあることに興味や関心をもっているとき，それを頭の中で考える際に単純化あるいは抽象化して概念としてとらえる。関心のある対象について，そこに焦点を当てるために視点を設定し，そこから見えるビューからモデルを記述する。この記述モデルを複数の人が関心をもって共有することによって，概念を共有することが可能となる。

システムズエンジニアリングで利用されるシステムモデル[2)] とは，システムおよびその環境を表わすものである。システムを分析して仕様を決定し，設計して，検証および妥当性確認を段階的に進める中でそれぞれのビューで記述されたダイアグラムから成るシステムモデルを用いてさまざまな利害関係者と情報を共有する。また，システム分析では，特定の環境で時間に沿ってモデルを実行するためにシミュレーションを用いる。デジタルエンジニアリングの実現にきわめて重要なデジタルツインといわれる技術は，現実空間で生じている現象を仮想空間のモデルで再現するシミュレーション技術であり，運用中のシステムの改修を行なう必要のあるDevOpsではシステムの検証に必須となる。

システムライフサイクルにわたるシステムモデルの目的は次のとおりである[2)]。

- 既存システムの特徴づけ：文書化が不十分な既存システムをモデリングすることにより，そのアーキテクチャと設計を把握する。
- ミッションおよびシステムコンセプトの定式化と評価：システムライフサイクル初期の段階で，モデルによりミッションおよびシステムコンセプト候補を総合し評価する。システム設計候補をモデリングし重要なシステムパラメータの影響評価からトレードオフ空間を探索する。
- システムアーキテクチャとシステム要求のフローダウン：モデルを用いてシステム解決策のアーキテクティングを支援し，ミッションとシステム要求（機能要求，インタフェース要求，性能要求，物理要求のほか，信頼性，保守性，安全性，セキュリティなどのいわゆる非機能要求）をシステム要素に落とし込む。
- システム統合と検証の支援：システムへその構成要素を統合する際の支援とシステムが要求を充足することの検証の支援にモデルを用いる。選定した構成要素モデルや設計モデルを実ハードウェアまたはソフトウェアに置き換えて，Hardware-またはSoftware-in-the-loopテストで検証する。モデルは，テスト計画と実行を支援するためテストケースを定義する。
- トレーニングの支援：システムと相互作用するユーザ（オペレータ，保守員，その他）を訓練するシステムのさまざまな観点を模擬する。
- 知識の獲得とシステム設計の進展：システムに関する知識の獲得と組織の知識としての維持のための効果的な手段をモデルが提供する。

このようにシステムモデルは，コンセプトの段階から廃棄に至るまでのライフサイクル全般にわたって用いられ，2.11節のMBSEで中心的な役割を担う。

参考文献

1）Oxford Dictionaries, http://www.oxforddictionaries.com/
2）D. Walden et al. : INCOSE Systems Engineering Handbook, A Guide for System Life Cycle Processes and Activities, 4th Edition, Wiley, 2015（西村秀和監訳：システムズエンジニアリングハンドブック第4版，慶應義塾大学出版会，2019）

2.11

MBSE

(モデルに基づくシステムズエンジニアリング)

「MBSE = SEである」。これは，システムモデルの記述方法の1つであるSysML（Systems Modeling Language）[1]を先導するサンフォード・フリーデンタール氏がよく述べるフレーズである。これまで文書に基づいて進められてきたシステムズエンジニアリングをシステムモデルに基づいて進めていくという意味であり，2.xxに述べたとおり，今後さらに重要となってくるデジタルエンジニアリングではMBSEはその部分集合としての重要な役割を担う。IN-COSEでは，MBSEを「概念設計に始まり，開発以降のシステムライフサイクルにわたって続く，システム要求，設計，分析，検証，妥当性確認に関するアクティビティを支援するためにモデリングを形式化して適用すること」と定義している[2]。MBSEは，対象とするシステムの仕様に関連する情報を把握し，分析し，共有し，運用する能力を高め，次の有益な結果を生む。

- 開発に関係する利害関係者間のコミュニケーションの向上
- システムモデルを用いて複数の観点から見ることができ，変更の影響を分析できることによるシステムの複雑さに関する運用能力の向上
- 一貫性，正確性，完全性を評価でき，曖昧さがなく精度の高いシステムモデルをもつことによる製品品質の改善
- より標準的な方法で情報を把握し，モデル駆動アプローチに備わる抽象化メカニズムの利用による情報の再利用と知識獲得の強化
- コンセプトの明確で曖昧さのない表現による，システムズエンジニアリング基礎教育および学修能力の向上

MBSEの推進全体を通しては，多くの異なる種類のモデルやシステム解析

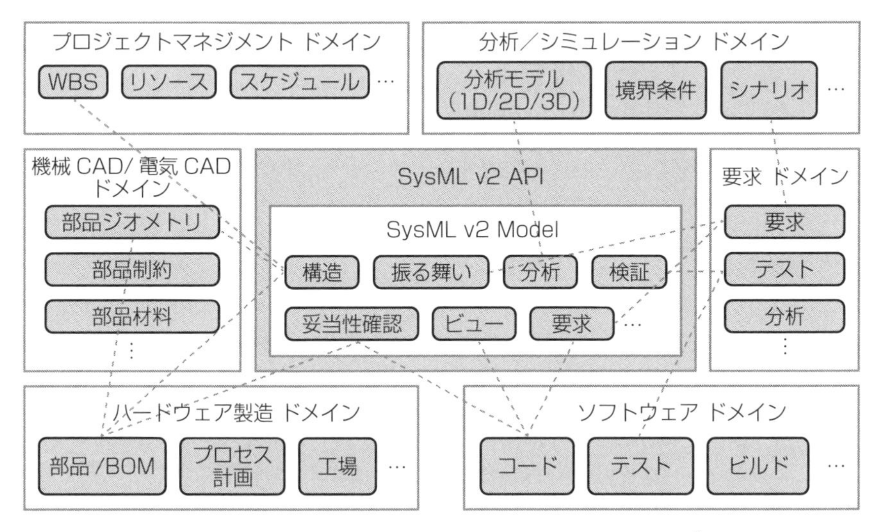

図　さまざまなドメインとつながるシステムモデル[3)]

のためのシミュレーションなどが援用される。SysMLはシステムをモデリングするための重要な言語として2006年にOMG（Object Management Group）から発行され，航空・宇宙・防衛，自動車，医療機器，コンシューマエレクトロニクスなどさまざまな産業分野で活用されている。さらにSysML v1からv2[3)]への移行に伴い，システムモデルがもつ情報はライフサイクルプロセス上の各ドメインの活動や成果物と連携できる形に進化する。これにより，コンセプトの段階から廃棄に至るまでのライフサイクル全般にわたりシームレスにシステムモデルが活用されることが期待されている[3)]。

参考文献

1) Sanford Friedenthal, Alan Moore, Rick Steiner：A Practical Guide to SysML. Third Edition, The Systems Modeling Language, The MK/OMG Press, 2014（西村秀和監訳：システムズモデリング言語 SysML．東京電機大学出版局，2012）
2) D. Walden et al.：INCOSE Systems Engineering Handbook. A Guide for System Life Cycle Processes and Activities, 4th Edition, Wiley, 2015（西村秀和監訳：システムズエンジニアリングハンドブック第4版，慶應義塾大学出版会，2019）
3) Systems Modeling Language (SysML®) v2, API and Services, Request For Proposal (RFP), OMG Document: ad/2018-06-03

2.12

システム分析

システムを分析することの主たる目的は，対象とするシステムを所望の観点から正しく理解することである。システムを分析するには，その範囲，種類，目的，求められる分析の精確度を定める必要がある。また，分析に際し，その評価指標を定めることで，対象システムにかかわる意志決定に結びつけることができる。こうしたシステム分析を行なう際には，定量的なモデル化技法，分析モデルやシミュレーションモデル，あるいは実験法が用いられる。システム分析の結果に起因するトレーサビリティの確保はきわめて重要であり，これにより対象とするシステムを正しく理解するとともに，よりよいシステムを導くことができる。

システムズエンジニアリングでは，システム分析プロセスが技術プロセスの1つとして定義されている。このプロセスの目的は，ライフサイクル全般にわたって意志決定を補助するために，技術的な理解を支援するデータと情報の基盤を提供することである[1)]。そのため，ミッションおよびビジネス分析，利害関係者要求定義，システム要求定義，アーキテクチャ定義，設計定義，統合，検証，妥当性確認，プロジェクト評価・統制などのプロセスで利用される。

システム分析プロセスでは，コスト分析，技術リスク分析や，効果指標，性能指標，技術的性能指標などを定めるための分析を実施する。国際標準 IEEE 1220[2)] では，要求分析，機能分析，および物理アーキテクチャを導くための総合を実施する際に，それぞれ要求，機能，および設計のトレード分析と評価を実施することとしている（**図**）。たとえば，システム分析によって性能を規定することでシステム要求の1つである性能要求を定めることができる。システム分析は技術的な面での意志決定を支えるための厳格なアプローチを与える。

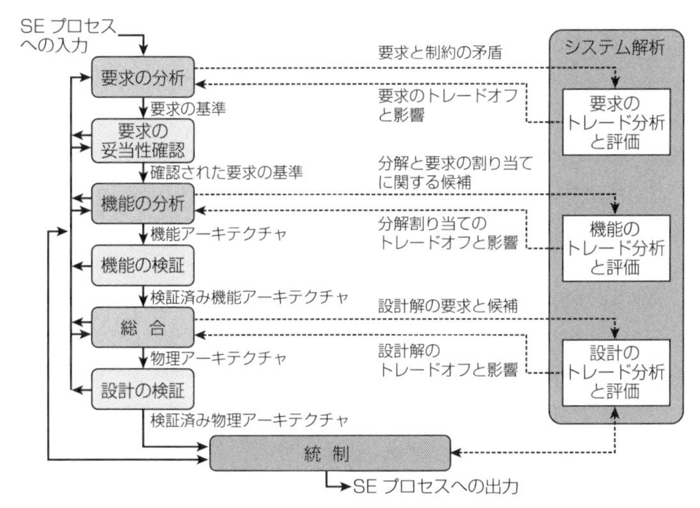

図　システムズエンジニアリングプロセス中の「システム分析」の位置付け [2)]

「要求分析」,「機能分析」,「総合」によりシステムを段階的に詳細化していく際に，それぞれの段階に対応するシミュレーションモデルを用いてシミュレーションを実施する必要がある。要求，機能，設計の間にはトレーサビリティが確保される必要があるため，それぞれの段階で用いられるシミュレーションモデルの間に正しい依存関係が求められる。このためにはシステムがどのような環境下で何をなし，何から構成されてどのような振る舞いを行なうのか，そこにどのような特性やパラメータ（属性等）が関係するかを記述したモデルを定義しておくことが重要となる。これらの記述モデルとシミュレーションモデルの間に正確な依存関係が求められ，段階的な詳細化によりトレーサビリティが確保できる。記述モデルは初期のシステム要求定義，アーキテクチャ定義プロセスできわめて重要な役割りを担うこととなる。

参考文献

1）D. Walden et al. : INCOSE Systems Engineering Handbook. A Guide for System Life Cycle Processes and Activities, 4th Edition, Wiley, 2015（西村秀和監訳：システムズエンジニアリングハンドブック第4版，慶應義塾大学出版会，2019）
2）INTERNATIONAL STANDARD, ISO/IEC 26702, IEEE Std 1220-2005, First edition, 2007-07-15

2.13

シミュレーション

システムの挙動をモデルに従いコンピュータなどで模擬・試行することを「シミュレーション」といい，日本語では「模擬実験」といわれることもある。シミュレーションは，実験を行なうことが経済的に不利であったり，危険を伴ったり，あるいはそもそも設計中のシステムで実在しない場合や問題が未来の予測であるなど実験が不可能な場合などには有効な手法である。また，シミュレーションでは，一度モデルができあがってしまえば，大きさや時間スケールなどを含めてパラメータの変更が容易であり，膨大な数の試行の繰り返しが可能という利点がある。とくに対象とする問題が社会システムなどの場合には，新しいシステムを導入して実験を行なうことが不可能な場合が多く，このような問題に対してもシミュレーションは有効な方法となる。

シミュレーションでは，現実の問題をモデル化し，多くの場合コンピュータ上で解を求めるが，この際，シミュレーションのモデルは現実の問題の本質を含んでいなくてはならないという面と，現実に実験を行なうよりも簡単でなくてはならないという面をもつ。抽象度の低い詳細なモデルでは，真の解に近づくが実験を行なうほうが簡単であったり，逆に抽象度を上げると，問題は単純化するが真の解からは遠ざかることになる。そのため，シミュレーションにおいては，問題に応じてモデル化の抽象度をどう設定するか，どのようなモデル化を行なうかが重要となる。最近の VR（Virtual Reality）技術を用いたシミュレーションでは，体験している利用者自身がシミュレーションモデルの１つの要素となることで，人間の挙動を含めたシミュレーションを実現しているということができる。

シミュレーションは必ずしもコンピュータの使用を前提とした方法ではな

く，模型や玩具，あるいはゲームの形をとるシミュレーションも存在するが，コンピュータを使うことでパラメータの変更や試行の繰り返しが容易になるため，コンピュータとの親和性はとても高い。そのため，コンピュータの発達とともに，シミュレーションは理論科学，実験科学に続く科学の方法論として発達してきた。コンピュータの処理速度や扱うことができるデータ量は，ムーアの法則に見られるように年々大幅に向上している。そのため，シミュレーションとして扱えるモデルのサイズや精度も年々拡大することで，シミュレーションの精度向上につながってきた。たとえば，現在の天気予報にはスーパーコンピュータを使用した数値シミュレーションが使われているが，天気予報の精度向上の陰には，シミュレーションとして扱うモデルのサイズや境界条件として与えられるデータ量の増大が大きく貢献している。

しかしながらシミュレーションは，その方法論からモデル化や計算方法などに依存する誤差が本質的に含まれている方法であるため，誤差を含む結果の取り扱い方を身につけることも重要である。たとえば，シミュレーションのためのモデル化をどのレベルで行なうか，数式表現されたモデルをどのようなアルゴリズムで計算するか，計算のための境界条件や初期条件をどのように与えるかなどは，シミュレーションの精度に影響を与える。また，そもそもコンピュータの計算には丸め誤差が含まれ，シミュレーションの中ではこれが情報落ちや桁落ちの誤差として蓄積されていく。そのため，シミュレーションを使用するうえでは，コンピュータの計算能力を妄信せずに，シミュレーションの有効性と限界を理解したうえで利用することが重要である。

慶應 SDM の方法論のなかでは，シミュレーションによって要求を明らかにする，アイデアをシミュレーションによって検証する，問題に対するシステムの妥当性確認を行なうなど，シミュレーションはさまざまな場面で利用する。このようにシミュレーションはシステムデザインにおける有効な手段であるが，そのためにはシミュレーションの正しい使い方ができることが重要である。

2.14

ビジュアリゼーション

数値データや情報などの直接見ることができない事象や関係性を可視化することで，直感的な判断を可能にする手法を「ビジュアリゼーション」という。広い意味では，ビジネス用語のあいまいな活動を視覚化・数値化して客観的な判断を可能にするための「見える化」を含む場合もあるが，狭義にはCG（Computer Graphics）などを用いて数値データや情報を画像化・映像化する手法を指す。数値データは本来，色や形状をもたない抽象的な概念であるため，そのままでは目に見える形で表現することはできない。そのため，これらのデータや情報を可視化するためには，目的に応じて種々の可視化モデルや可視化手法が用いられる。Excelなどを用いて2D/3Dグラフで表わす方法から，特殊な可視化ツールを用いて等値線／等値面，ボリュームレンダリングなどで表現する方法，あるいはアニメーションなどの動画で表現する方法もある。最近では，VR（Virtual Reality）やAR（Augmented Reality）の技術を用いることで，3次元の仮想空間を利用したビジュアリゼーション技術も利用されている。とくに膨大なデータを詳細に可視化するためには，大画面，高解像，3D立体視などのインタラクティブなビジュアリゼーションが有効な手段になる。**図**は，4K3Dの没入型ビジュアリゼーション環境を用いて，地震データの可視化を行なっている例を示したものである。

ビジュアリゼーションの用途としては大きく分けて，研究者や開発者がデータ分析のために自分自身で行なうビジュアリゼーションと，研究者や開発者が第三者へのプレゼンテーションのために行なうビジュアリゼーションがある。データ分析のためのビジュアリゼーションでは，利用者が分析者自身で，その分野の専門家であることが多いため，可視化における表現のわかりやすさより

図　没入型4K3Dディスプレイを使用した地震データの可視化分析

も使いやすさなどのインタフェースが重視される。ビジュアリゼーションは，膨大なデータから新しい知見を見いだそうとするデータマイニングやビッグデータ分析においても重要なツールとなり，データ分析と可視化を融合させたビジュアルデータマイニングやビジュアルアナリティクスは，研究としてもホットな領域である。一方，プレゼンテーションとしてのビジュアリゼーションでは，可視化の対象者が第三者で，専門家以外の人に情報を伝えることが目的となるため，いかにわかりやすい可視化の表現を行なうかが重要になる。デザインなどを含めて，見やすくわかりやすい表現をめざすインフォグラフィックスなどもこの領域に入る。

システムデザインの方法論のなかで，ビジュアリゼーションは，現象やデータから問題を分析・抽出したり，第三者と共有するためのツール，あるいはアイデアやその効果をわかりやすく伝えるための強力なツールとして効果的に利用することができる。

2.15
ヒューマンインタフェース

ユーザとシステムの接する接面にかかわる技術を一般に「ヒューマンインタフェース」とよぶ。近年では，システムが大規模・複雑化することで，利用者と対象の距離が離れ，利用者にとって対象に対して何を行なっているのかという働きかけが理解しにくくなってきている。たとえば，銀行の送金システムや工場の制御システムを考えた場合，目の前のタッチパネルやキーボードの操作と，巨額のお金を送金したり，工場の生産ラインを動かしたりするという結果との関係を，直観的に結びつけてイメージすることは困難である。そのため大規模なシステムや複雑なシステムでは，アウトプットの内容や処理の重要さをわかりやすく利用者に示すことが重要であり，このようなインタフェースの良し悪しが操作ミスや事故を引き起こす原因につながることが指摘されている。

また昨今は，いろいろな分野において，製品やモノづくりが成熟してくるに従い，機能や性能が飽和状態となり，顧客にとって製品を選択する基準が，機能や性能のちがいではなく製品に対する使いやすさや好みの問題に変わってきている。たとえば，自動車やノートPCを購入する場合，細かいエンジン性能や計算性能などのスペックを基準にするのではなく，運転や操作のしやすさなどのユーザビリティやデザインを基準に製品が選ばれる場合が多い。そのため，製品やシステムを設計・開発する立場からも，新しい機能の開発や性能の向上とともに，ヒューマンインタフェースの設計やデザインが重要な要素になってきている。このようにシステムデザインにおけるヒューマンインタフェースの設計では，利用者にとって，わかりやすく，使いやすい，あるいは使ってみたいと思わせるインタフェース設計がさまざまな分野で重要視されるようになってきた。

また最近のシステムでは，IT 技術がいろいろな部分で使用されているため，利用者が情報デバイスをいかに効率的に使用できるかが，システムとしてのパフォーマンスに大きく影響するといわれている。とくにインタフェースにかかわる技術やデバイスの発展は日進月歩であり，最近ではスマートフォンやタブレット，あるいはスマートウォッチやスマートメガネなどをいかに効果的に使用するかが重要な設計因子になることも多い。また，AI 技術や IoT にかかわるセンサ技術の発達により，ジェスチャ認識や音声認識の技術も実用的なレベルに到達してきた。その他にも，GPS やビーコンなどの技術と連携して位置情報を利用したサービスや，VR や AR 技術を利用した空間型のインタフェース技術もヒューマンインタフェースの重要な要素である。

ヒューマンインタフェースの具体的な設計においては，設計対象について考えるだけではなく，人間の側についての正しい知識をもち，いろいろな側面を考慮した設計が必要である。たとえば，利用者の視点位置からよく見えるか，利用者の手が届きやすいかなどの身体特性，使用者が操作中にストレスを感じないか，長時間の使用で疲労が蓄積しないかなどの生理特性，あるいは利用者にとってわかりやすいメンタルモデルを利用できているかなどの認知特性，「かっこいい」「かわいい」などの対象に対して利用者が感じる感性特性など，さまざまなレベルでの人間の特性を考慮したデザインを行なう必要がある。

このように，利用者のことを考慮し本当に使われるシステムをデザインするためには，構造や機能を設計するだけでは不十分で，よりよいヒューマンインタフェースを設計することが，ユーザに受け入れられるかどうかのキーになる。

2.16

システミックとシステマティック

「システミック」と「システマティック」という言葉がある。どちらもシステムを論ずるときに使われる言葉である。ちなみに,「システムズアプローチ」という言葉もある。システムとしてのアプローチという意味だが,よく見ると,システムズアプローチには,システミックなアプローチとシステマティックなアプローチがある。

システミックとは「システムとして」という意味である。システム全体を,丸ごと全体として,という意味である。「ホリスティック」(全体として)という言葉があるが,ややニュアンスが近い。俯瞰的に,体系的に,というような言葉とも近い。4つの思考法(3.12節「システムの科学と哲学」参照)でいうと,ポスト・システム思考のスタンスに近い。

一方のシステマティックは,システムを要素還元論的に分解して理解するとともに,分解された要素を再構成してシステム全体も理解する,というやり方であり,システムズエンジニアリングの基本はシステマティックであることである。同じく4つの思考法でいうと,システム思考のスタンスがこれに相当する。

参考(『リーダース英和辞典』より)

【systemic】 組織［系統,体系］の;《生理》全身の,全身性の;(特定の)系の;(殺虫剤など)植物全体にわたって浸透し効果を発揮する

【systematic】 組織的な,体系的な,系統的な,規則正しい,整然とした,計画的な;分類(法)の;宇宙の,宇宙的な(cosmical)

2.17

社会システムデザイン

これまでに述べてきたように，慶應SDMでは，技術システムから社会システムまで，あらゆるものごとをシステムとしてとらえ，新たなシステムの開発やシステムの課題解決を行なっている。『広辞苑』によると，「社会」の定義は以下である。

> **【社会】**①人間が集まって共同生活を営む際に，人々の関係の総体が一つの輪郭をもって現れる場合の，その集団。諸集団の総和からなる包括的複合体をもいう。自然的に発生したものと，利害・目的などに基づいて人為的に作られたものとがある。家族・村落・ギルド・教会・会社・政党・階級・国家などが主要な形態。「―に貢献する」
> ②同類の仲間。「文筆家の―の常識」
> ③世の中。世間。家庭や学校に対して職業人の社会をいう。「―に出る」
> ④社会科の略。

したがって，社会システムとは，上述の社会をシステムとして（システミックないしはシステマチックに）とらえることを意味する。システムには，目的をもつシステムともたないシステムがあることをすでに述べたが，社会にも自然的に発生したものと人為的につくられたものとがあると明記されているように，目的をもつものともたないものがあると考えられる。このため，社会システムの研究という場合には，その研究範囲は多岐にわたると考えられる。実際，慶應SDMでは，システムズエンジニアリングの対象とみなせる社会システムから，デザイン思考や社会科学の対象とみなされる社会システムまで，多様な社会システムを対象にそのデザインに関する研究が行なわれている。

2.18

持続可能なシステム

多様な分野における将来の持続可能なシステムについて考えるためには，「持続可能な開発目標（Sustainable Development Goals: SDGs）」について理解することが不可欠である。グローバルな経済社会の発展により，人類は物質的に豊かで便利な生活を享受できるようになった一方で，気候変動問題や生物多様性の喪失など，生存基盤となる地球環境を劣化させつつある。2015 年 9 月に国連で採択された「持続可能な開発のための 2030 アジェンダ」では，持続可能性を喫緊の国際問題として認識し，世界が協働して「持続可能な開発」に取り組む必要性が示された。

「持続可能な開発」については，1972 年のストックホルム国連人間環境会議（ストックホルム宣言）から議論されるようになり，環境保全が，経済社会発展とともに国際的に追求されるべき目標となった。さらに，「成長の限界」（1972 年），「西暦 2000 年の地球」（1980 年）で，地球の有限性や環境制約が明らかになり，「環境と開発に関する世界委員会」（1987 年）の「我ら共有の未来（Our Common Future）」において，初めて「持続可能な開発」という概念が提唱され，「将来の世代の欲求を満たしつつ，現在の世代の欲求も満足させるような開発」とされた。さらに，1992 年の地球サミットにおいて「環境と開発に関するリオ宣言」が採択され，「持続可能な開発」に関する行動原則が確認された。そして「国連持続可能な開発会議（リオ + 20）」が開催され，「持続可能な開発目標（SDGs）」が生まれたのである。

SDGs を中核とする 2030 アジェンダは，2015 年 9 月にニューヨーク国連本部で採択された。SDGs は，17 のゴールと，ゴールごとに設定された合計 169 のターゲットから構成されている。とくに 17 のゴールについては各ゴールのロゴとともに広く知られるようになった（次頁図）。目標達成のための地球規模での取組促進と，相互に関連する目標に分野横断的にアプローチする必要とが強調されている。「持続可能な開発を，経済，社会及び環境というその３つの側面において，バランスがとれ統合された形で達成すること」が重視されている。

ゴール１（貧困）あらゆる場所のあらゆる形態の貧困を終わらせる
ゴール２（飢餓）飢餓を終わらせ，食糧安全保障及び栄養改善を実現し，持続可能な農業を促進する
ゴール３（健康な生活）あらゆる年齢の全ての人々の健康的な生活を確保し，福祉を促進する
ゴール４（教育）全ての人々への包摂的かつ公平な質の高い教育を提供し，生涯教育の機会を促進する
ゴール５（ジェンダー平等）ジェンダー平等を達成し，全ての女性及び女子のエンパワーメントを行う
ゴール６（水）全ての人々の水と衛生の利用可能性と持続可能な管理を確保する
ゴール７（エネルギー）全ての人々の，安価かつ信頼できる持続可能な現代的エネルギーへのアクセスを確保する
ゴール８（雇用）包摂的かつ持続可能な経済成長及び全ての人々の完全かつ生産的な雇用とディーセント・ワーク（適切な雇用）を促進する
ゴール９（インフラ）レジリエントなインフラ構築，包摂的かつ持続可能な産業化の促進及びイノベーションの拡大 を図る
ゴール 10（不平等の是正）各国内及び各国間の不平等を是正する
ゴール 11（安全な都市）包摂的で安全かつレジリエントで持続可能な都市及び人間居住を実現する
ゴール 12（持続可能な生産・消費）持続可能な生産消費形態を確保する
ゴール 13（気候変動）気候変動及びその影響を軽減するための緊急対策を講じる
ゴール 14（海洋）持続可能な開発のために海洋資源を保全し，持続的に利用する
ゴール 15（生態系・森林）陸域生態系の保護・回復・持続可能な利用の推進，森林の持続可能な管理，砂漠化への対処，並びに土地の劣化の阻止・防止及び生物多様性の損失の阻止を促進する
ゴール 16（法の支配等）持続可能な開発のための平和で包摂的な社会の促進，全ての人々への司法へのアクセス提供及 びあらゆるレベルにおいて効果的で説明責任のある包摂的な制度の構築を図る
ゴール 17（パートナーシップ）持続可能な開発のための実施手段を強化し，グローバル・パートナーシップを活性化する

図　SDGs の 17 のゴール

一方，より科学的な人間活動が地球システムに与える影響の持続可能性を判断する評価の方法として，地球限界（プラネ タリー・バウンダリー）がある。これは地球システム機能を，①生物圏の一体化（生態系と生物多様性の破壊），②気候変動，③海洋酸性化，④土地利用変化，⑤持続可能でない淡水利用，⑥生物地球化学的循環の妨げ（窒素とリンの生物圏への流入），⑦大気エアロゾルの変化，⑧新規化学物質による汚染，⑨成層圏オゾンの破壊で評価する。これらの項目が一定の境界を越えることがあれば，地球に回復不可能な変化が引き起こされると考える。すでに現状でも，生物地球化学的循環，生物圏の一体性，土地利用変化，気候変動については，人間が安全に活動できる範囲を越えるレベルに達していると分析されている[1]。

参考文献

1）Will Steffen et al.：Planetary Boundaries: Guiding Human Development on a Changing Planet, *Science*, **347**, 6223, 2015

2.19

ゲーミフィケーション

ゲームには，トランプのように家族や友人で気楽に楽しめるものからチェスや将棋のように高度な知的競技まで，またスマートフォンを使用して個人で楽しむものからインターネットを介して複数人で楽しむオンラインゲームまで，さまざまなものがある。ゲームの形態は時代とともに大きく変化してきているが，ゲームは多くの人を引き付け，楽しませる魅力をもっている。「ゲーミフィケーション」とは，このようなゲームがもつ人を楽しませる，夢中にさせる仕組みを，ゲーム以外の対象に応用することを言う。

ゲーミフィケーションの代表的な例として，スウェーデンのストックホルムで作られた駅の階段があげられる。健康のためには，利用者はエスカレータではなくもっと階段を使うことが望ましい。このような問題に対し，ピアノの鍵盤のような階段を作り，その上を歩くことで音が奏でられるようにしたところ，階段の利用率が大幅に向上した。この例では，健康のためという本来の目的の理解によって人が行動を変えたのではなく，単に楽しいという要素が人の行動様式を変えたことを意味している。

このゲームがもつ，人を楽しませる，夢中にさせる要素を明らかにし利用することで，効果的なゲーミフィケーションを実現することが可能になる。これまでの研究から，ゲームが人を夢中にさせる仕組みとして，得点やポイント等の報酬，ランキング表示等による競争心，レベル設定等による難易度のコントロール，映像や音楽による効果的な演出，ユーザ同士のコミュニケーション等，幾つかの要素が明らかにされてきた。

システムデザインを行なう際には，機能や効果だけで新しいアイデアを考えるのではなく，実際にそのシステムが人々に使われるのか，またそのためにはどのような仕組みが必要であるか等を考慮して設計を行う必要があり，そのための仕組みとしてゲーミフィケーションは有効な手法である。

たとえば，筆者（小木）等の研究室で行われた研究として，動物園用の AR アプリがある。このシステムは，スマートフォンのカメラを動物に向けると，AI の画像認識機能をもとに動物を特定し，その動物に関する情報をスマートフォンに表示する。その際，動物の姿や行動は日々変化するため，画像の認識精度を上げるためには，システムを運用しながら継続的に機械学習を実行する必要がある。そのため，学習用の画像データを継続的に収集する仕組みとして，新しい動物探しゲームをシステムに組み込み，認識されなかった動物の画像をユーザが集めるとポイントがもらえる機能を導入した。これにより，システム開発者が画像を収集するのではなく，システムの利用者が楽しみながら自ら画像を収集してくれる仕組みが構築された。

また教育目的で使用されるゲーミフィケーションの1つとして，シリアスゲームがある。シリアスゲームとは，楽しむことだけを目的とせず，教育や社会の問題を体験的に学ぶことを目的に作られるゲームを指す。

シリアスゲームの例としては，土地の活用や市民の安全確保等の自治体がもつ課題をもとにした街づくりを行なうゲーム，台風や地震，洪水等の災害に対する防災対策を行うゲーム等，種々のゲームがこれまでに作られている。とくに，ビジネスの構造をモデル化したゲームによって，ビジネス上の知識やスキルを学ばせるビジネスゲームは，多くの企業で研修目的に使われている。

慶應 SDM では，教育カリキュラムの中で，プロダクトデザインゲーム，経営ゲーム，サプライチェーンゲーム，業務改革ゲーム等が使われ，体験的な学習に利用されている。またいろいろな分野におけるシリアスゲームの設計自体も研究の対象になっているが，ゲームの設計においても，システムズエンジニアリングの概念と同じく，要求分析，アーキテクチャ決定，開発，検証，妥当性確認等のプロセスが使われている。

2.20

リスクマネジメント

リスクマネジメントにおけるリスクの定義は，学術分野ごとに多様である。『広辞苑』では，「危険」，「保険者の責任」，「被保険物」とされているが，システム・工学的分野では，「ヒト・モノ・カネなど私財ないし公共財に与える脅威の発生の確からしさとそれによる負の結果の組合せ」と定義されており，物事や計画に悪影響を与える可能性がある要素を「ハザード」（潜在的リスク），これが顕在化する程度を「リスク」と考えている。近年，経済学では，ある事象および状態の変動に関する不確実性をリスクとよんでおり，結果は組み込んでいない。

プロジェクトマネジメント知識体系ガイドでは，「発生が不確実な事象または状態。もし発生した場合，プロジェクト目標にプラスあるいはマイナスの影響を及ぼす」と定義されている。その対処方法についても，プラスの影響（好機）には「活用，共有，強化，受容，エスカレーション」を，マイナスの影響（脅威）には「回避，転嫁，軽減，受容，エスカレーション」を戦略の選択肢としてあげており，明確にプラスとマイナスの両方の影響について言及している。

リスクマネジメントを行なう際には，まずはリスクを特定し，それぞれのリスクの大きさを分析し，対応戦略を立てて実行するが大切である。リスク分析においては，さまざまな方法が存在するが，一般的には，リスクの発生確率と発生時の影響度の両方を考慮したマトリクスを作成することがよく行なわれている。こうした対応の実施により，脅威を最小限に抑え，好機を最大限に活用することがリスクマネジメントである。

2.21

インテリジェントシステム

インテリジェント（intelligent）とは，知的な，思考力のある，コンピュータ管理された，などの意味をもつ形容詞であり，そのようなシステムをインテリジェントシステムという。人間が知識や経験に基づいて行なうような知的作業を代行するためにコンピュータを援用して作られた人工的なシステムととらえてもよい。昔は四則演算ができるだけの電卓でさえも知的な道具と認識されていたが，システムが代行できる作業の知的水準は年々向上していて，機械加工や農作物収穫などの作業を自動化するロボットや，未来の天気を予報する気象シミュレーションなどの特定の分野ではすでに人間の能力を超えているし，画像認識や翻訳などの知識情報処理の分野では人工知能（AI）が多くの可能性を示している。慶應SDMでは，インテリジェントシステムを，デザインやマネジメントの対象として扱う。また同時に，社会システムというシステムオブシステムズを構成する一システムとしても扱う。

まず，インテリジェントシステムをデザインし，マネジメントするとはどういうことかを説明しよう。慶應SDMでは，インテリジェントシステムの基盤となる技術の研究に取り組んでいて，性能を向上させたり，新たな作業代行の領域を開拓したりしている。もちろん，ロボットや人工知能の研究は他の大学院でも取り組まれているが，それらの多くは研究成果の汎用性を目指しているため，簡素化した課題（toy problem）を設定し，公平性を担保した評価が行われている。基礎研究を効率的に推進するためには，簡素化した問題を題材として取り組んだほうがよいし，公平な比較検討が行えるという利点があるため，多くの研究機関ではこちらのアプローチを採用している。一方で慶應SDMは，現実の社会課題（real-world problem）を解決するために取り組んでいるという点が独自性としてあげられる。汎用性の高い研究成果がそのままさまざまな社会課題の解決に利用できるとは限らず，特定の社会問題に適用しようとしてはじめて，機能や性能が不足したり，解が十分に適合しなかったりするなどの，いわゆる欠けている部分（missing piece）に気づく。そのため，大抵の場合は対象となる課題に特化した拡張や調整，カスタマイズに取り組む必要が生じる。このように現実の課題を直視し，欠けている部分を補い，しっかりと社会の課題を解決していくのが慶應 SDM の特徴である。

次に，インテリジェントシステムを社会システムというシステムオブシステムズを構成する一システムとして扱うとはどういうことかを説明しよう。社会システムは，企業や自治体，国家や個人，道路や自動車など，さまざまなシステムの集合体である。この中で，インテリジェントシステムに期待される役割は年々増加しており，高く期待される一方で，その責任も重大化している。そのため，インテリジェントシステムを社会システムに導入する際には，その出力結果の合理性や妥当性，動作条件，動作条件を外れた場合の挙動，最悪のシナリオなどを開示するなどして十分に説明責任を果たし，社会システムに信頼してもらい，受け入れてもらうことが必要である。このように，インテリジェントシステムという理工系の要素を，社会システムという人文社会系のシステムへ円滑に導入するための方策を検討することも，学問分野横断型大学院である慶應 SDM が取り組んでいる課題である。

生成 AI が著しく発展していることから，遠くない将来に，これまで小学校から大学まで系統立てて教育されてきた学問体系を覆すような全く新しい学問体系を構築するインテリジェントシステムが実現されるかもしれない。その時，先進的な AI を最大限に活用した教育制度を社会に導入することはできるだろうか。やがて訪れる激変の時代においても先導的に活躍できる人材を育成するために，慶應 SDM では多様な分野に携わる者が集い，ディスカッションする機会を大切にしている。

2.22

AI と身体性

昨今 chatGPT を代表とする生成系 AI に注目が集まり，IEEE が策定した Ethically Aligned Design などを代表とするいわゆる AI 倫理が国際的にも議論されはじめている。これには，技術・経済・法律や宗教など多面的な視点が含まれるべきだが，人間の「生命」との分断への影響に関してはあまり議論されていない。たとえば，文章生成 AI に安易に依存することが習慣化すれば，ある種の忍耐を伴う自分自身の声への傾聴とその言語化の反復は避けられるようになり，これらの能力は劣化する。これは自己との対話の機会を損ない，結果として自分自身の内部の分裂を引き起こす可能性がある。さらに，私たちは深い内省を通して感覚や思考などの能力を成長させていくし，内省を経て「生命体としての環境」と結びついて初めて，言葉は「生きた言葉」として経験の共有を生み，文化を形成する土壌となりうるのではないか？　文章生成 AI への依存は，自分への無知を加速させ「死んだ言葉」をはびこらせ，人間の劣化や文化の破壊につながりかねない。AI 研究は，とくにそのインターフェース設計において，人間のより本質的理解を熟慮した慎重な姿勢が求められるだろう。

chatGPT の急速な発展に対しては，懐疑的な態度を取る研究者も多い。たとえば言語学者 N. チョムスキーは chatGPT は知性を欠いていると断じている。この指摘は，人工知能にとって本質的問題である「知性とは何か」という問いの重要さを示唆している。人工知能という学問分野は人間の知性を計算機に模倣させることを１つの目的としており，当初その主な対象の１つは自然言語であった。人間の生得的普遍文法の存在を示唆するチョムスキーの仮説は，人工知能の一分野である自然言語処理に大きな影響を与えたが，最近では，

chatGPTに代表されるTransformer型深層学習の急速な発展によって，視覚，聴覚，言語等，さまざまな領域に応用が拡大している。転移学習を伴う実験結果が，このようなモダリティを超越した抽象領域における「生成文法」の存在を示唆している点は，人間の理解に関わる他分野の研究に大きな影響を与える可能性があるし，このようなモダリティを超越した生成による「記号と実世界への結びつけ」によって，記号接地問題に代表されるAIの知性のもつ限界を解決しようという試みもある。一方で，これらの研究は依然として人間の知性が主に脳の記号処理とパターン処理のみによって生み出されているという暗黙の仮定の上に成立しているともとらえられる。

このような仮定に反して，最近の研究では私たちの能力の多くは脳のみによって成り立っていないということがわかってきている。実はこのようなことは昔から繰り返し形を変えて主張されてきた。たとえば，100年以上も前に行われた除脳猫の実験がある。大脳皮質との接続を切断したネコをベルトコンベア上を歩かせると，この猫は普通にベルトコンベア上を歩行した。この結果は，歩行という機能が脊椎以下下位神経系の自律的機能によって成立していることを示唆している。この知見に基づく歩行ロボットの研究が多くなされたが，最近ではこのような低次の機能だけでなく，物体の形状を分類するなどのより高次な機能に関してもこのような環境との相互作用のみによって達成できることがわかってきている。さらには，抽象的数学の概念でさえ身体性にその起源があると主張する研究者もいる。このような身体性への傾向は近年AIの越境的性質を強め，神経科学や脳科学，ロボティクス，哲学などとの越境的協働を通して身体性AIや身体性認知科学などの研究分野を活発化させている。

このような趨勢は，ある種デカルト的身心二元論を基礎とすることで発展を遂げた近代科学・社会というものが，さまざまな領域においてその「基礎」に起因する限界にまざまざと直面したことにより，日本を含む東洋にはもともと根付いていた身心一元論的アプローチへ歩み寄らざるを得ない状況を招いていることを示唆しており，興味深い。

2.23
ビジネスとエンジニアリングの変革

人々の生活をより良いものにするため，新たな価値を生み出す変革（DX（デジタルトランスフォーメーション））がビジネスやエンジニアリングの分野で求められている。ビジネスの分野では顧客や市場に対してこれまでにない新たな価値を創出し，これまでにないスピードで提供することが期待される。ビジネスを実現するためのエンジニアリング分野ではデジタルエンジニアリング[1)]やDevOps[2)]といった新たなエンジニアリング活動への対応を迫られる。この推進にはMBSE（モデルベースシステムズエンジニアリング）が必須となる。

自動車産業ではコネクティド技術により運用環境中の情報収集をするばかりではなく，ユーザーに対して常に最新の自動運転システムを提供するため，ファームウェアやソフトウェアの更新をOver The Airで実施することが求められる。その事前検証のためには現実の世界と同じ状況を仮想空間につくりシミュレーションを行なうデジタルツインのための環境が必要とされる。

ビジネス分野でのDXに向けて，授業科目「ビジネスプロセスのモデリングとマネジメント」ではBusiness Motivation Model[3)]，Business Process Model and Notation[4)]をもとに戦略に沿ったマネジメントのもとでビジネスプロセスを決めていくアプローチを，また「ビジネスのアナリシスとシンセシス」では，Business Analysis Body of Knowledge[5)]に基づきビジネス要求を導き出し，ビジネスを構築するためのアプローチを学ぶ。こうした科目を基礎において，修士あるいは博士研究では，UAF（Unified Architecture Framework）[6)]を用いる場合がある[7), 8)]。複雑性の高いSystem of Systemsのコンテキストの中で，現状の姿から段階的にあるべき事業運営へと戦略的にもっていくため，そこに求められる能力（capabilities）を定義することが重要となる。

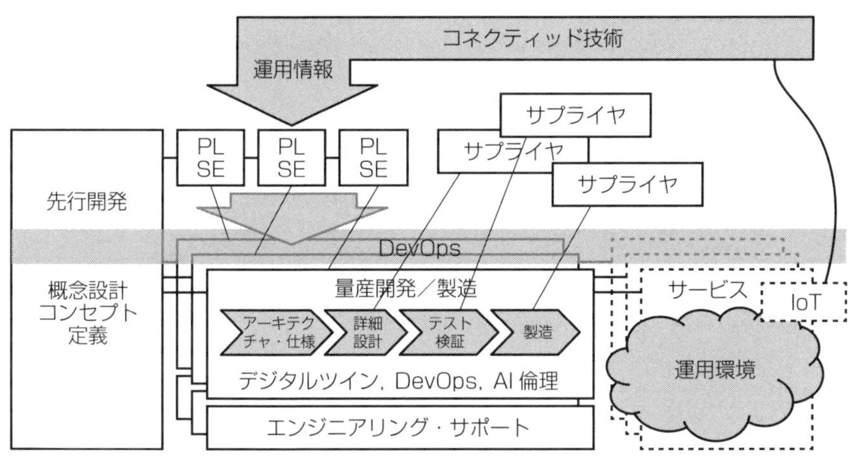

PL: Project Leader（プロジェクト全体の取りまとめ，主として QCD をマネジメント）
SE: Systems Engineer（製品・サービスの技術全体のとりまとめ，技術的リスクのマネジメント）

図　コネクティッド技術を活用したエンジニアリング活動の中での DevOps

参考文献

1) Digital Engineering Metrics, SERC-2020-SR-003, Systems Engineering Research Center, June 8, 2020
2) ISO/IEC/IEEE 32675-2022 (E) Information Technology – DevOps – Building reliable and secure systems including application build, package, and deployment
3) Business Motivation Model, Specification, Version 1.3, https://www.omg.org/spec/BMM/
4) Business Process Model & Notation, https://www.omg.org/bpmn/
5) A Guide to the Business Analysis Body of Knowledge V3, International Institute of Business Analysis
6) James N. Martin, David P O'Neil : Enterprise Architecture Guide for the Unified Architecture Framework (UAF), Enterprise Architecture Guide for UAF Version 1.2, OMG Document Number: dtc/2021-12-13
7) Raquel Hoffmann, Hidekazu Nishimura, and Rodrigo Latini : Urban Air Mobility Situation Awareness From Enterprise Architecture Perspectives, *IEEE Open Journal of Systems Engineering* (Volume: 1), pp. 12-25, 2023 DOI: 10.1109/OJSE.2023.3252012
8) A. Ishizaka, H. Ikegaya and H. Nishimura : Upgrading Approach for MaaS Level 4 Using UAF, 2022 IEEE International Symposium on Systems Engineering, pp. 1-8, doi: 10.1109/ISSE54508.2022.10005337.

2.24

VR/AR/MR

ここ数年，VR/AR/MR 等の技術が広まってきた。VR（Virtual Reality：仮想現実）とは，3 次元 CG を使用してリアリティの高い仮想世界を構築する技術であり，AR（Augmented Reality：拡張現実）は，デジタル技術によって現実世界に情報を付加する技術，また MR（Mixed Reality：複合現実）は，現実世界と仮想世界をつなぐシームレスな世界を示す言葉である。これらの技術自体は，古くから研究が行われていたが，ここ数年デバイスの高機能化，低価格化等に伴い，広く一般に使える技術として普及しつつある。

VR/AR/MR は，私たちが生活している現実の世界を仮想的に再現，あるいは拡張する技術であるため，その応用範囲は広く，私たちの生活全般が対象となる。現状では，ゲーム等のエンターテイメント分野での利用が先行しているが，応用としては，設計，教育，訓練，芸術，コミュニケーション，ヒューマンインタフェース等，非常に幅広い分野での応用が期待されている。

例えば設計の分野では，デジタルデータをもとに具体的なモノの試作を行わずに，コンピュータ上で設計を実施するバーチャルエンジニアリングの概念が進められている。バーチャルエンジニアリングでは，3 次元モデルをベースとして，CAD, CAM, CAE 等が連携されるが，これに VR の技術が加わることで，リアリティを伴ったバーチャルエンジニアリングを実現することができる。特に製品の製造分野においては，物理的な世界と同等なデジタル世界をコンピュータ上に構築することで，製品製造とシミュレーションを同時に実行するデジタルツインという概念が広まっている。これらの概念に VR，AR 等の技術が連携していくことで，次世代のモノづくりは大きく変化していくことが予想される。

VR技術の大きな特徴は，シミュレーションによる世界を，体験を通して理解することにあるが，このような新しいコンセプトを理解する上でも，実際に体験することは必要である。慶應SDMで行なわれている，アイデアをプロトタイプとして実現する演習型の授業では，3DCADで設計したモデルをVR空間で実寸大で可視化して評価を行なう，あるいはAR技術を利用して実際の使用現場で評価を行なうことを含めた演習が行なわれている。

またVRの応用分野の1つとして，近年注目を集めている概念にメタバースがあげられる。メタバースとはネットワーク上に構築される仮想世界で，ユーザは自身を表現するアバタを用いて他のユーザとコミュニケーションを行なうことができる。メタバースは，体験を伴う新しいソーシャルメディアとして期待され，多くの企業が仮想空間の中に店舗を開き，種々のサービスが提供され，コンサート等のイベントが開催されている。

コロナ禍以来，多くの大学ではオンライン授業が行なわれるようになってきたが，慶應SDMでは，メタバース空間を使用した授業も行なわれている。3次元CGで表現された仮想の教室に，教師と学生がアバタとして参加し，共有仮想空間の中で授業が行なわれる。2次元のビデオ会議システムを使用した授業では，学生は受け身になりがちであるが，メタバースを使用した授業では，空間を共有することで学生の参加意識が高くなり，より効果的な教育が行なわれることが期待される。

図　メタバース空間で行われている授業の様子

2.25

経済システム

「経済システムには理想的な，普遍的なモデルが一元的に存在しうるのだろうか。」（青木昌彦『比較制度分析序論』（2008, 21）より）

経済システム（Economic System）とは，社会や地域内において，生産・資源配分・財とサービスの分配を行なう体系（システム）と説明することができる。経済体制ともよばれ，経済システムのアーキテクチャを吟味するときには，関連制度，機関，事業体，意思決定プロセス，消費傾向などに着目される。

ここでの留意点は経済システムという単独のシステムが存在するわけではないことであり，その分析対象としてよく取り上げられるのはとりわけ制度体系（institution）であり，それには法律制度，市場制度，金融制度，政治制度などがある。

次に，冒頭の問いに対しての答えだが経済システムには，理論面と実践面両面から優れて，普遍的に適用可能なモデルが一元的に存在するわけではないと言われている。その証左としては，経済システムの類型がいくつか識別されており，それらの制度比較が行われていることがあげられる。典型的な制度比較例としては，市場経済と計画経済や，資本主義と共産主義という視点である。これらは典型的な対比として着目される経済システムであるが，実際には二分的な分類では説明が難しい体制が観察されている。

現実の社会に目を向けると，市場中心に据えながらも，政府の規制や介入，公共部門の役割の比重が高い，混合経済（mixed economy）とよばれる経済体制が構築されている。この経済体制での国家介入は国営企業の市場参入や，社会保障の整備，景気対策としての財政政策の発動などの形態をとる。厳密に経済を市場のみに委ねたり，または国家が経済計画を緻密に立案して遂行するという両極端な体制は現実的ではなく，市場経済を主軸としつつ折に触れ政府や公共部門が経済に介入するスタイルになる。

国や地域で採用されている経済システムに着目し，経済システムの比較分析を行う経済学の領域として「比較制度分析（Comparative Institutional Analysis)」という経済学のアプローチがある。各国や地域の比較制度分析が着目された背景には，1980年代の「ベルリンの壁崩壊」に象徴される旧社会主義経済の市場経済への移行や，東アジア諸国の経済発展があげられる。この際に依拠する学問的理論には新古典派経済学における知見があり，市場を整備して，政府の介入とそれに伴う資源配分の歪みを最小限にすることが経済開発には最も有効という考え方に立脚していた。しかしながら現実の経済システムではうまく機能せず，市場を活用しながら，合わせて国家の関与も所与として受け入れる制度設計を志向することになった。もともと経済学の祖として名高いアダム・スミスは，人間社会をチェス盤になぞらえ，その上の個々のコマが各自の行動原則のもとどのように行動するかに着目していた。

経済システムが一元的には定まらないことから展開される論点として，ホールとソスキス（Hall and Soskice, 2001）による資本主義の多様性論（Varieties of Capitalism）がある。ここでは資本主義と共産主義，と経済システムを二分しているが，資本主義にも多様なバリエーションがあることを示している。すなわち，資本主義の中にも，①自由な市場経済（LMEs : Liberal Market Economies）が体現されているとする，アメリカのような事例や，②コーディネートされた市場経済（CMEs : Coordinated Market Economies）と指摘される，ドイツに代表される適用例がある。その上で，グローバル化とイノベーションの進展による競争圧力のもとで，経済システムの構成要素（たとえば会計制度など）が制度標準化や統一化を求められる動きが観察されており，グローバル化と制度標準化の関係は近時の主要研究トピックになっている。

また，この比較制度分析での手法では，他と関係を取り結んでいくアクターとして企業を分析の中心に据え，次の5つの局面に着目している。それらは，(1) 金融システムに基づくコーポレート・ガバナンス，(2) 企業内部の関係，(3) 労使関係，(4) 教育訓練システム，(5) 企業間関係，である。

他にも，制度分析の主要なキーワードには，制度がどのような経路をたどって発達してきたかに着目する経路依存性（path dependency）や，各ドメインで成立する制度の間に相互に補強・補完する関係性が成り立つことに注目する，制度的補完性（institutional complementarity）がある。

経済システムそのものを捉えようとする分析視座は平易ではないが，学問分野としての面白さと奥深さを慶應SDMにおける教育・研究で伝えていきたい。

参考文献

1）Peter A. Hall and David W. Soskice : Varieties of Capitalism: The Institutional Foundations of Comparative Advantage, English Edition, Oxford University Press, 2001（遠山弘徳ほか訳：資本主義の多様性――比較優位の制度的基礎，ナカニシヤ出版，2004）
2）青木昌彦：比較制度分析序説――経済システムの進化と多元性，講談社学術文庫，2008

2.26

公共システム

経済学では，コストを負担した人だけが財を利用する状態を「排除性がある状態」，コストを負担しない人も利用できる状態を「排除性がない状態」という。また，ある人が財を利用すると他者の利用分が減る状態を「競合性のある状態」，減らない状態を「競合性のない状態」という。排除性・競合性のある財は「私的財」とよばれ，料金等を払って購入・消費する商品やサービスがこれにあたる。他方で，排除性・競合性のない財は「公共財」とよばれ，税金などの形で構成員にコスト負担を強制しなければ成立・維持できない。たとえば国防は，コスト負担をしない人だけを除いて国土を守ることはできないので，公共財といえる。

また，排除性か競合性のどちらかを有するものを「準公共財」という。たとえば学校給食は各家庭が支払う給食費によって支えられているが，支払わない家庭の子供にも提供されている（＝排除性がない）。しかし支払わない家庭が増加すれば，給食の質・量が低下する（＝競合性がある）。公共財や準公共財は「みんなでコストを負担する・助け合う」ことが必要な財であり，これをいかに供給できるかが，国や社会のレベルの高さを表すと考えられる。国民の健康と暮らしのために，適切に社会保障の制度やシステムを設計・運用することが肝要だが，同時に我々も家族・組織・地域・世代などの間で支え合うことが大切となる。このように「社会全体の幸福」のために，市場によっては供給されにくい公共財・準公共財をどう成り立たせるかが，「公共システムのデザインとマネジメント」の究極の目標といえる。

公共システムのデザインとマネジメントを巡って，国や社会はさまざまな意志決定のスタイルをとる。たとえば民主主義の国や自治体では，**図**のような政

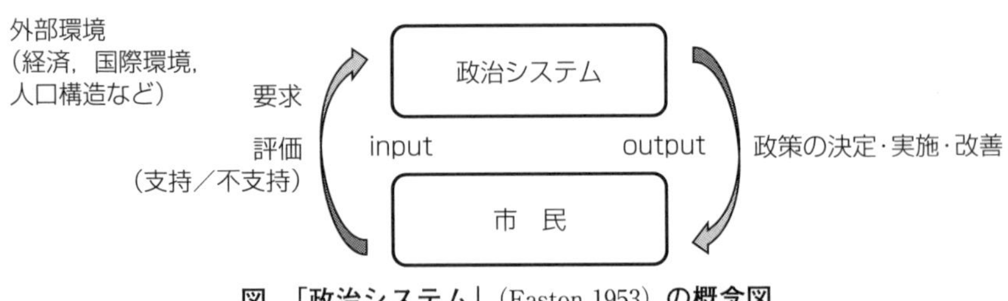

図　「政治システム」（Easton 1953）**の概念図**

治システムが想定されている。すなわち，意思決定（立法）は「有権者の代表」が行なわなければならないため，政治家は内外の情勢を考慮して選挙で政策案を提示し，有権者の支持を得て「代表（議員）」に選ばれることを目指す。選ばれた政治家やその集団（政党）は，議会で法案を巡って競争・調整しながら法を成立させる。その法に基づき，行政システム（官僚組織）が政策を実施する。政策の結果は有権者にフィードバックされ，次の選挙で評価が示される。有権者に評価されるには，政策やそれを実現・運用するシステムが適切かつ有効でなければならない。

社会保障だけでなく，安全保障・インフラ整備・地域振興・教育・エネルギーや食糧の供給など，公共部門（国や地方自治体，公的組織など）が担う範囲・役割は非常に大きい。これらの円滑な実現・運用には多様な公共システムの整備が必要であり，近年では公共部門・企業・地域・個人の「協働」を通じた公共システムが注目されている。たとえば，人口の減少や偏在，少子高齢化といった構造的問題に悩む日本においては，停滞する地域コミュニティにおける公的サービスの維持が課題となっている。そこで，住民団体・自治体・企業が協力してブロックチェーン技術に基づくデジタル地域通貨を発行し，住民が地域内で行なうボランティア活動をポイント化して域内での買い物に使ってもらう，といったことが試みられている。こうした公共システムのための多主体協働は，社会課題を学際的な知恵で解決しようとするSDM研究科の得意とするテーマの1つともいえる。

第 3 章 教育の事例

この章では，教育の事例として，修士課程必修科目を中心とした，おもな教育内容について述べる。なお，必修科目は，3.1 節から 3.5 節と 3.18 節が該当する。

3.1

システムデザイン・マネジメント序論

システムデザイン・マネジメント序論は，入学後最初に学ぶ授業であり，システムズエンジニアリングの基礎を学ぶとともに，コア科目の一つであるプロジェクトマネジメント，プロジェクト科目であるデザインプロジェクトとの関係性を学ぶ。また，システムデザインの考え方が単にものづくりだけに使われるのではなく，あらゆる対象をシステムとしてとらえてデザインするためのアプローチであることを知識として理解したうえで，体感的に実感することを目的としている。

上記の目的を実現するために，カリキュラムは以下のとおりとなっている。

〔1 ～ 2 コマ〕導入と前提的知識の習得

SDM 学の基礎となる用語の定義から，他のコア科目・プロジェクト科目との関係など，SDM における中心的授業の全体像を知ったうえで，必要となる前提知識を学ぶコマとなっている。

SDM 学の土台となっているシステムズエンジニアリングを学ぶための前提知識ともいえるロジカルシンキングとシステムシンキングについて学ぶ。

〔3 ～ 6 コマ〕システムズエンジニアリングの基礎

システムズエンジニアリングの全体像を学んだうえで，システムズエンジニアリングを構成する 4 つの項目である，システム設計，インテグレーション，評価・解析，システムズエンジニアリング管理，のそれぞれの項目ついて演習形式で実際に手を動かして体感的に学ぶ。

〔7 ～ 12 コマ〕システムズエンジニアリングの適用

ここでは，システムズエンジニアリングの基礎として学んだことを多様な対象に適用することで，SDM 学の土台であるシステムズエンジニアリングの理

図　グループワークの様子

解を深める。具体的には，プロダクトのデザイン，ビジネスのデザイン，組織のデザイン，そして政策のデザインに，3～6コマで学んだ用語，アプローチ，手法を適用することで，対象をシステムととらえてデザインすることを理解することを目的としている。

〔13～15コマ〕まとめ

最後に，学生と教員とのディスカッションを行ない，SDM序論にとどまらないSDM学全体についての質疑を行なった上で，自分の経験をシステムデザインの観点で分析することで知識の整理を行なう。

1コマ目から6コマ目については，知識はeラーニングのビデオを使った予習で行ない，授業では実際にその知識を使って体感的に理解する。実際には，グループでワークを実施する（**図**参照）。これは，多様な学生が集まる慶應SDMでは，グループワーク形式で実施することにより，多様な意見を統合して俯瞰的にデザインをすることを体験的に理解するためである。ただし，宿題は基本的には個人ワークとしている。また，1コマ目～12コマ目では小テストを毎時間行なうことで，eラーニングで学び授業中に体感的に理解したことをもう一度問いなおし，知識の定着を図っている。

3.2

システムアーキテクティングとインテグレーション

日本型開発の特徴として「摺り合わせ」技術の優れた点をあげることがよくあるが，これをシステムインテグレーション（以下SI）の際に実施するのは極力避ける必要がある。比較的単純な製品の開発であれば，製品を構成する部品を統合する際に行なう摺り合わせが有効な場合があろう。しかし，ハードウェア・ソフトウェアなどの構成要素間が複雑な関係性をもち，複数の品質特性を満足する必要のある製品の場合，統合時の摺り合わせでは実現できない可能性が高い。「摺り合わせ」という言葉は，機械部品を組み上げる際に2つの部品が接する面を互いに摺り合わせて仕上げるところから来ている。しかしながら，こうした摺り合わせは元来，設計の際に組み立て時の精度を勘案して製造されたうえで行なわれるべきことである。複数の分野にまたがる構成部品からなる複雑な製品になれば，SI時の摺り合わせでは立ちゆかない。

“Reconciliation”という英語は通常，「調停」，「和解」を意味するが，これらは「摺り合わせ」に近い意味合いをもつ。Design Reconciliation（設計時の摺り合わせ）はおおいに行なうべきことであるが，Integration Reconciliation（統合時の摺り合わせ）は避けなければならない。このことは，システムアーキテクチャ（以下SA）を正しく構築することによって初めてSIを実現できることを意味する。レナオルド・ダ・ビンチの言葉，「十分に終わりのことを考えよ。まず最初に終わりを考慮せよ」[1)]に象徴されるように，インテグレーションすることは最初からわかっているのだから，アーキテクチャを検討する初期の段階でそれを考慮しておく必要がある。インテグレーションの段階での「摺り合わせ」は，大きな「手戻り」を発生させることになり，QCDを守ることが難しくなる。このことはすなわち，プロジェクトの失敗を意味する。

慶應 SDM で必修科目として位置づけられる「システムアーキテクティングとインテグレーション」（以下 SA&I）は，まさにこの「手戻り」といわれる問題を解決に導くための科目である。統合段階からの大きな手戻りを防ぐには，要求分析により要求を定義し，そこからシステムに求められる機能を分析し，それらの機能を総合することにより SA を定義し，システムを正しく規定することが必要である。こうした一連の作業には 2.12 節で述べたシステム分析を行なうことが重要となる。また，導出された要求の妥当性を確認し，導出された機能を検証し，機能を割り当てた物理アーキテクチャの定義が正しいことを検証する必要がある。これらの検証や妥当性確認は，SA&I と連携する必修科目である「SV&V」（System Verification and Validation）の中で重点的に講義される。また，要求定義および SA の定義までのプロセスで，統合後に行なわれる検証と妥当性確認の計画を立てておくことはきわめて重要なことである。検証済みの構成要素を統合したシステムがシステム仕様を満足することの検証計画，要求と合致した正しいシステムが得られたことの妥当性確認をとる計画を立てておくことが必要不可欠である。

アーキテクチャの記述に際しては，国際標準 ISO/IEC/IEEE 42010[2] に基づき，対象とするシステムの利害関係者がもつ関心を枠に収めるビューポイントと，それが決定するビューを設定することの重要性を理解するよう講義を行なっている。また，2.11 節で述べた MBSE に基づきシステムモデルの段階的な詳細化を進めてアーキテクチャを構築していくことが，抜け漏れをなくすために有効であることを徹底して講義している。

SA&I では，製品やサービスなどの技術システムを対象とするのみにとどまらず，System of Systems となるより複雑な社会システムやビジネスに関するアーキテクティングについて，その最先端のアプローチに触れ，慶應 SDM としての取り組み方を明確にしている。

参考文献

1）杉浦明平訳：レオナルド・ダ・ヴィンチの手記（上），岩波文庫，1954, p.38
2）INTERNATIONAL STANDARD, ISO/IEC/IEEE 42010, Second Edition, 2022-11

3.3

システムベリフィケーションとバリデーション

この科目は必修科目の１つであるため，修士課程の学生は全員受講する必要がある。講義内容を理解するためには英語の講義名のほうがわかりやすく，System Verification and Validation（以下 SV&V）としている。日本ではシステムを評価するにあたり，この Verification と Validation のちがいを明確に意識することは多くないが，慶應 SDM での教育では，そのちがいや２つをともに理解することの重要性，また実際のシステムに適用するための考え方やプロセス，手法についての講義を行なっている。

なぜシステムに対して評価を行なわなければならないのか。それは，目的を成し遂げるためのシステムを構築・運用するにあたり，システムに求められた品質，コスト，納期を満たすために，システムの構想時からアーキテクチャの検討やインテグレーション，運用に至るまでのそれぞれの段階でその成果を確認し，場合によっては仕様の改善や変更の判断を行なう必要があるからである。

Verification と Validation のちがいは何か。そのちがいは，“Are we building the system right?”（正しくシステムを構築しているか？）もしくは “Proof of Compliance with Specifications”（仕様に従っていることの評価）と，“Are we building the right system?”（正しいシステムを構築しているか？）もしくは “Proof of User Satisfaction”（ユーザが満足していることの評価）のちがいであると説明されることが多い[1)]。実際に存在するシステムでも，「仕様書どおり構築したけれど，ユーザが満足せず利用されないシステム」や，「ユーザは満足しながら仕様どおりに実現できない，もしくは，運用途中で不具合が生じるシステム」は数多く存在する[2)]。つまり，Verification と Validation のちがいを理解しそれらを組み合わせた評価を行なうことが，目的を成し遂げるためのシステムを構築・運用するためには重要である。日本語では，「検証」と「妥当性確認」と訳されることもあるが，その言葉だけでちがいを理解することは難しい。

講義においては，SV&V の言葉の理解から，その目的，考え方，そしてシステム構築にあたって，SV&V をいつ，どのように行なうべきかについての解説と実例を用いた演習を行なう。いつ行なうべきかについては，仕様の改善や変更の必要があるのであれば，それを早期に発見することが，システムに求められた品質，コスト，納期を満たすためにも重要である。しかし，たとえば，システムが実際に存在しない段階では，その使い勝手を実際に試してみるといった「実証（Demonstration）」はできず，もし，その段階でシステムの動作のアルゴリズムが仕様として決まっているのであれば，動作のロジックを「解析（Analysis）」や「検査（Inspection）」によって評価することができる。つまり，それぞれの段階において，SV&V を行なう際に適用できる手法が異なる。また，評価対象となるシステムが，たとえば動作の再現性の高い技術システムなのか，システムの境界を明確に定義することすら容易ではない社会システムなのかによっても，SV&V のプロセスや手法が多様である。それらを踏まえて，学生が SV&V を計画し，実施する能力をつけることができるよう講義を行なっている[3)]。

参考文献

1）Kevin Forsberg, Hal Mooz, Howard Cotterman：Visualizing Project Management: Models and Frameworks for Mastering Complex Systems, Third Edition, Wiley, 114 pp., 2005

2）A. Terry Bahill, Steven J. Henderson：Requirements Development, Verification, and Validation Exhibited in Famous Failures, *Systems Engineering*, **8** (1), pp.1-14, 2005

3）Rashmi Jain, Naohiko Kohtake：Teaching and Learning with Case Studies: A Multicultural Perspective, Information Systems Education Conference, 2015

3.4
プロジェクトマネジメント

SDM 学の基盤の１つである「プロジェクトマネジメント」は，システムズエンジニアリングでデザインされたシステムや，デザイン思考で協創された構想を，実現に向けて具体的に計画し，完成までの期日や費用，成功基準などを明確にして作業を進めていくためのプロセスやツール，技法などの成功事例（グッドプラクティス）を集めた体系であり，慶應 SDM ではそれを学ぶ講義の科目名でもあって，必修のコア科目となっている。

ここでいう「マネジメント」とは，経営や管理という意味も含まれるが，もっと現場目線の業務活動を意味している。英語の “Manage” という動詞は，「上手に扱う，どうにかして達成する」という意味があり，実務者レベルでの責任感，成功させようとする意欲，チームメンバーの結束力などを高めて，あらゆる状況を判断しながら設定した成功基準をめざして知恵を出し合っていく活動である。

この分野の知識体系として，PMI（Project Management Institute）が発行している PMBOK®ガイド（プロジェクトマネジメント知識体系ガイド）[1)]が慶應 SDM における教科書となっている。本科目は必修科目となっているため，春学期は日本語で，秋学期は留学生向けに英語で開講している。また，PMI が認定する資格 PMP®（Project Management Professional）の取得をめざすのが，学生たちの１つの目標にもなっており，毎年，そのための「PMP®受験対策講座」も開講している（一般受講可）。

日本においてプロジェクトマネジメントは，社会に出てから身につける実務スキルであって学問ではないという一般認識がいまだに強く，教育に取り入れていない大学が多いが，世界の動向を見ると学生のうちに学ぶべき基礎能力であるとの理解が急速に進んでいて，積極的に教育に取り入れている大学が急増している[2)]。慶應SDMでは，こうした動きに後れをとらないだけでなく，むしろ世界的に優れた実力をもつ日本のプロジェクトマネジメントを，アカデミックに研究し，世界の先端を行く教育をすべきだと考えている。

近年，プロジェクトを取り巻く社会環境の変化が非常に激しくなってきており，第1章で述べたように，急激なグローバル化や情報ネットワークの高度化の影響を受けて，世界中に分散したチームをまとめていかなければならないだけでなく，プロジェクトを成功に導くために考慮しなければならない周囲の状況や環境，顧客や利用者の要求などが，これまでになく互いに複雑で広範囲に影響しあうようになってきている[3)]。

顧客要求が明確で仕様がきちんと決まっている従来の計画駆動型（ウォーターフォール型）のプロジェクトマネジメントでは，予測困難に変化する要求や，あいまいで感覚的な要求に的確に応えることが難しくなってきており，むしろ積極的にプロトタイピングとフィードバックの反復（イテレーション）を繰り返していく変化駆動型（アジャイル型）のプロジェクトマネジメントに変わりつつある。

こうした状況において，慶應SDMでは，私たちの強みでもあるシステム×デザイン思考を取り込んだ新しい手法で，プロジェクトマネジメント教育の変革を始めている。毎年秋に開催している一般向け講座「システム×デザイン思考を実践に生かす～プロジェクト・デザイン合宿研修」では，数年前からその先駆けとなる研修を開始しており，受講希望者数は年々増え続けキャンセル待ちが出るほどの状況にある。

参考文献

1) プロジェクトマネジメント協会（Project Management Institute, PMI）：プロジェクトマネジメント知識体系ガイド第6版, 2017, 第7版, 2021.
2) 当麻哲哉：論説：世界のプロジェクトマネジメント教育の現状と教育プログラムの国際認定制度“GAC”．工学教育，**61**（5), 16-21, 2013.
3) 当麻哲哉監訳，長嶺七海訳：グローバルプロジェクトチームのまとめ方――リーダーシップの新たな挑戦，慶應義塾大学出版会，2015.

3.5

デザインプロジェクト

デザインプロジェクト（D-Pro）は「システム×デザイン思考」（2.6節）を適切に用いながら，社会に新しい価値や価値の変化をもたらすプロダクトやサービスなどをシステムとしてデザインすることをめざすプロジェクト型講義である[1)]。5～6名のチームで，プロポーザとよばれる企業が抱える課題の解決に取り組む。実際には，まず問いを立てる所から始め，ソリューションを創出した後，その正しさの証明までをすべてチームが行なう。08年のSDM開設以来，修士課程必修科目として開講されており，SDMの看板科目の1つである。

D-Proの大きな特徴は，プロポーザ自身も解決策を見い出せていない現実の課題に対して，解くべき問いを自分たちで立てる点にある。テクノロジーや社会や人々の暮らしが激変し将来予測が困難な，いわゆるVUCAの時代には解決策を考えるだけでは不十分であり，問いを立てる能力が不可欠であるという認識に立っている。もう1つの特徴が，事前に想定したゴールに向かって直線的にプロジェクトを進めること（Linear Process）は現実的でないという前提に立ち，状況に応じてその場で修正し右往左往しながら進むこと（Iterative Process）への習熟をめざしているという点にある。

前例に囚われずイノベーティブに考えるというマインドセットを重要視しており，その助けとなるさまざまな考え方や手法を，演習を繰り返しながら学ぶ。その中で，これまでにないビジネスモデルやイノベーティブなソリューションをシステムとしてデザインするための実学を身につけることができる。また，専門分野・職業・年齢・国籍・価値観の異なる多様なメンバーで構成されたチームでプロジェクトを進めることの楽しさと大変さを深く経験できる。

講義は全13回44コマから構成され，約4ヶ月間実施される。前半の18コ

表　プロポーザリスト

2022年度	2023年度
佐賀県	旭化成株式会社
株式会社ジンズホールディングス	株式会社サイエンス
株式会社フードロスバンク	株式会社坂東太郎
富士通株式会社	株式会社東日本放送
株式会社プロドローン	株式会社フードロスバンク
ホッピービバレッジ株式会社	株式会社プロドローン
三井不動産株式会社	東京海上日動火災保険株式会社

マがグループ演習を通して手法や考え方の理解を深めるラーニングフェーズ，その後の26コマがチームに分かれてソリューション創出を行なうデザインフェーズである。デザインフェーズでは，2週間ごとに7回も繰り返してソリューションを創出することを通して，学んだ知識を実際に使いこなせるようになるまで理解の定着を図る。あわせて自分の思い込みや過去に身につけた考え方ややり方から脱却し，すべての受講者が大きく自分を更新することをめざしている。

22, 23年度に協力いただいたプロポーザ企業のリストを**表**に示す。プロポーザの皆様には，すべての講義に参加して学生たちと一緒に学んでいただくとともに，チーム活動に伴走してアドバイスを頂いている。毎年，約半数の企業が入れ替わることで，なるべく多様なテーマに取り組めるよう意識している。

D-Proが終了した後，学んだことを活用してさらに活動を続け，国内外の展示会などでフィードバックを受ける機会を得られる可能性がある。過去には，イタリアで開催される「ミラノデザインウィーク」や国内の「Maker Faire」などに出展した実績がある。

D-Proの内容はSDM公開講座や企業との共同研究（通称：企業内D-Pro）などの形で数多くの企業・組織に提供されている。これらを通して獲得した知見が翌年度のD-Proに反映されており，毎年絶え間ない進化を遂げている。

参考文献

1）五百木誠：システム×デザイン思考によるイノベーティブ思考教育の実例．イノベーション教育学会第4回年次大会，2016.

3.6

システムデザイン・マネジメント実習

深い学びを得るためには，教員からの解説を聞き，理解する座学形式の講義よりも，解説を経て具体的な事例を対象に学びを適用することで理解する実習形式の講義のほうが，有効であることが多い。とくに，実務経験のある学生とない学生が混在する慶應SDMでは，おもに後者に対して形として目に見えにくいシステムデザイン・マネジメントの方法論を教育するにあたり，どのようなカリキュラムで進めていくかという点についてはさまざまな工夫を重ねている。そのなかで，この科目は必修科目の1つである「システムデザイン・マネジメント序論」の理解を深めるための実習として，おもに実務経験のない学生からのリクエストによって補講として開始した講義である。実務経験はあるけれども，体感しつつ体系的に学びを得たい学生も対象にしており，実際には企業や公的機関に所属する学生が所属組織でシステムデザイン・マネジメントの教育を行なうための事例として理解するために受講することもある。

具体的には，教員はシステムデザイン・マネジメント序論での講義内容をふまえ，具体的なシステムを対象にし，システムの構想時からアーキテクチャの検討やインテグレーション，運用に至るまでのそれぞれの段階を講義ごとに簡単な解説をしつつ，学生5～6名によるグループごとにシステムデザインの支援を行なう。なお，教員は，「解説をしつつ学生のシステムデザインの支援を行なう担当教員」と「学生グループに対して曖昧な発注を行ない，その後，学生からの質問に定期的に回答する仮想発注元の役割を担う担当教員（以下，顧客役の教員）」の2名が講義に参加する。その役割を明確に分けることで，学生にはシステムをデザインするためのカスタマーとのコミュニケーションの方法についての学びを提供できるように配慮している。

また，年度ごとにデザインするシステムのテーマを決めており，たとえば2023年度は，三井不動産株式会社と宇宙ベンチャー企業の１つであるSpace BD株式会社の協力を得て「宇宙ビジネス創出拠点としての日本橋の価値向上を支援するシステムのデザイン」に各グループが取り組んだ。このように毎年，横浜市や川崎市といった自治体やさまざまな企業，公的機関の協力を得て実施している。なお，システムデザインでのそれぞれのフェーズにおいて，要求仕様書，設計仕様書，試験計画書，試験報告書をドキュメントとしてまとめ，顧客役の教員のレビューを受け，審査に合格する必要がある。また，講義の終盤に行なうシステムのプロトタイプの納入に際しては，それを利用するためのマニュアルなども用意する必要がある。ドキュメントをまとめるという作業によって，グループによる議論をまとめ，その内容を検証し，伝えるという能力をつけるということもこの講義のねらいである。

最初は，発注元の役割を担っている教員に対し，「つまり，どのようなシステムが必要なのかを教えてください」というような質問を投げかける学生チームも，インタビューや現地の観察によって正しい要求を抽出するポイントを理解し，またシステムデザイン・マネジメント序論で学んださまざまな考え方や手法を実際に適用することで学びを深めていく。川崎市役所や市民の方々に「そんなシステムは必要としていない」，「提案システムがどのようなものかが理解できない」という意見をいただくことで，学生は悩みながらも試行錯誤しつつ改善を重ねていく。テーマが同一であっても，デザインするシステムのアーキテクチャはさまざまであり，それを目の当たりにすることでシステムデザインの意味を理解する学生も多い。革新的なシステムを創出することが講義のねらいではなく，慶應SDMの基本的な考え方を実習で学ぶことが最大のねらいであるが，実際にカスタマーとなりうる方々とのコミュニケーションをとりながらシステムデザインを行なうため，講義がすべて終了した後に既存のシステムの一部に学生チームがデザインしたシステムが取り入れられるというようなことも起きている。Learning by Doingを適用した慶應SDMの講義の一例である。

3.7

システムのモデリングとシミュレーション

この授業では，理科系の学生だけではなく文科系の学生にも，システムに対するモデリングとシミュレーションの手法の使い方を理解してもらうことをめざしている。モデリングではSysMLなどのモデリング言語を用い，対象の要求，構造，振る舞いなどをシステムとして記述する方法を学ぶ。一方，シミュレーションは，Excelなどのスプレッドシートで実行可能なシミュレーションから，有限要素法や境界要素法などの計算機を使用した数値シミュレーションまで，千差万別である。そのため，自分の目的に応じた方法やツールを使用できることが重要である。

授業の目的は，特定のツールの使い方を教えることではなく，問題に対してどのようにモデル化を行ない，シミュレーションによって何が検証できるのかを体験的に理解してもらうことである。そのため，解ける課題を解くのではなく，実際の現実社会の課題に対して，何が問題で，どうモデル化ができ，どういうアイデアが考えられるか，を体験することをめざしている。そのため，当然解ける保証はないが，試行錯誤の過程を体験し，皆で共有し，また考えることを重視している。

具体的な課題の例としては，横浜消防局の協力により救急救命システムの改善という問題を取り上げ，グループ演習として検討を行なった。横浜市では数年前から消防司令センターに医師が控え，コールトリアージや救命活動隊などの新しいシステムを導入している。このシステムでは，119番通報があった際に，電話応答でいくつかの質問によるトリアージが行なわれ，緊急度・重症度の高いディスパッチレベルに判定されると，小回りの利く救命活動隊を含め優先的に近くの救急隊に出動命令が出されることで，重症患者に対する救急車の

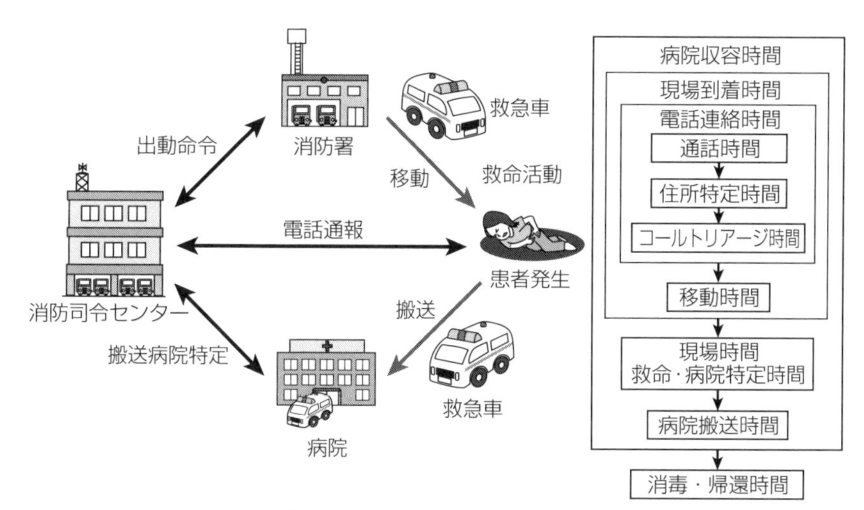

図　救急救命システムと救急救命時間

到着を早めることをめざしている。演習では，新システムの導入効果を評価するだけではなく，救急車の待機方法の改善，消防署の配置変更，トリアージ方法の改善など，さらなる改善案についても検討を行なった。また，シミュレーション手法についても，モンテカルロ法，経路探索，システムダイナミクスなど，さまざまなレベルでのモデル化とシミュレーションの適用を行ない，種々の検討が行なわれた。当然，授業ですべての手法を教えられるわけではないが，自分たちで試行錯誤を体験することこそが重要と考えている。**図**は，救急救命システムの枠組みと救急救命時間の関係を示したものである。

3.8

モデルベースシステムズエンジニアリングの基礎

2014年6月にINCOSEが発行したSE Vision 2025 [1] のなかで，モデルに基づくシステムズエンジニアリング（以下MBSE）は2025年には半ば常識的に利用されていると予測していた。2023年の現時点でこれは現実のものになったといえる。このMBSEに取り組む際のシステムモデルの記述方法としては，現時点でSysML（Systems Modeling Language）[2] が事実上の標準となった。システムを構造，振る舞い，要求，パラメトリック制約の4つの柱で記述することができる点（**図1**）でSysMLはきわめて優れている。

慶應SDMでは，2007年の開設準備段階から，MBSEとSysMLに関する講義を実施する方向でローレント・バルメリ氏（元IBM）とともに検討をはじめた。現在，春学期に日本語，秋学期に英語で科目「MBSEの基礎」を実施している。システムモデルを記述することで，システムが果たすべき機能を明確にすることができ，アーキテクチャの定義につながり，システム要求定義，シ

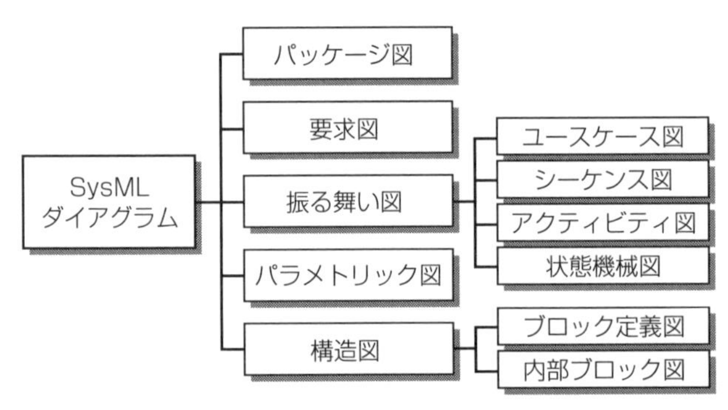

図1　SysMLダイアグラムの分類

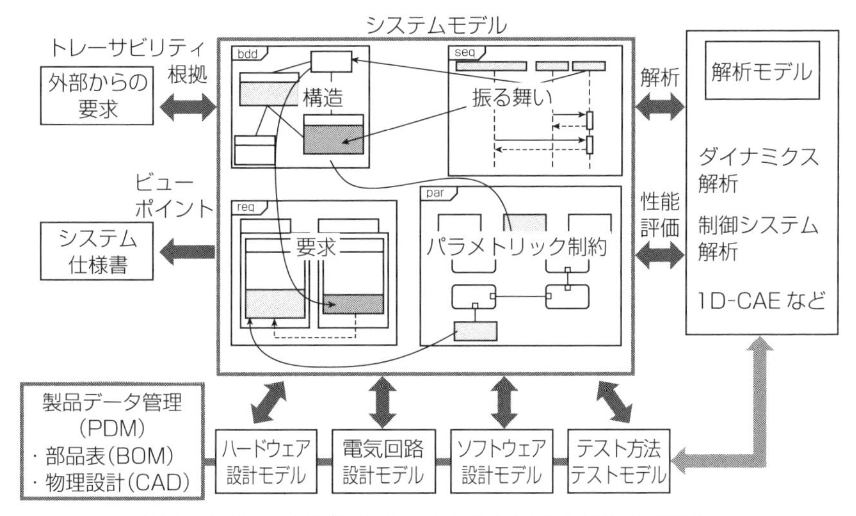

図2　システムモデルを中心としたシステム開発の枠組み

ステム構成管理，システム分析，検証などのプロセスを有効なものにする。SysML のバージョンは v1 から v2 [3] へアップグレードされるが，当科目ではコンテキストレベルでの要求分析から機能分析に至るシステムズエンジニアリングの初期の段階でシステムモデル記述を習得するための基礎的な講義を行なっている。

参考文献

1) INCOSE Systems Engineering Vision 2025 (June 2014), https://www.incose.org/about-systems-engineering/se-vision-2025
2) Sanford Friedenthal, Alan Moore, Rick Steiner：A Practical Guide to SysML, Third Edition, The Systems Modeling Language, The MK/OMG Press（西村秀和監訳：システムズモデリング言語 SysML，東京電機大学出版局，2012）
3) Systems Modeling Language (SysML®) v2, API and Services, Request For Proposal (RFP), OMG Document: ad/2018-06-03

3.9

バーチャルデザイン論

ユーザを徹底的に観察し，プロトタイプをつくり，ユーザがそれを試した結果をもとに改善を繰り返す「デザイン思考」が2000年代以降注目されている。デザイン思考を活用すると，ユーザの価値観を正確に見い出し，それをもとに製品・サービスをゼロから創造することに役立つ。また，新しい価値を見い出したのち，その製品・サービスを設計するときにも，使う人間の立場や視点に立って設計を行なう「人間中心設計」の重要性が唱えられている。しかしながら，コンセプト創造から詳細設計において，人間中心設計はまだ広く普及していない。設計開発における時間的・人的・資金的制約のために，人間中心設計を行なう余裕がないだけでなく，人間中心設計の手法がまだ広く知られていないことにも原因がある。

そこで，慶應SDMが設立された2008年以降，毎年開講している「バーチャルデザイン論」では，学生が人間中心設計を学び，実際に実践することで体得することをめざしている。本科目では，学生がデザイン思考を用いた共感，問題定義，アイデア創出を行ない，実際のプロトタイプを試作する。例題として用いたテーマとしては，新しいコンセプトの椅子があげられる。受講学生は，ユーザの要求を発見して椅子の人間中心設計を行なう（図参照）。学生はタンジブルなプロトタイプをつくるために，3DCADソフトウェアを用いて設計をし，コンピュータ支援による解析，強度計算などのシミュレーションを行ない，さらに実物大のものをつくらずにユーザビリティを検討するために，VR（Virtual Reality）の技術を用いて設計データを3次元的に体感して，その使い勝手を検討する。また3次元プリンタを用いて製作したプロトタイプを想定ユーザに見せ，あるいはAR（Augmented Reality）技術を用いて実際の使用

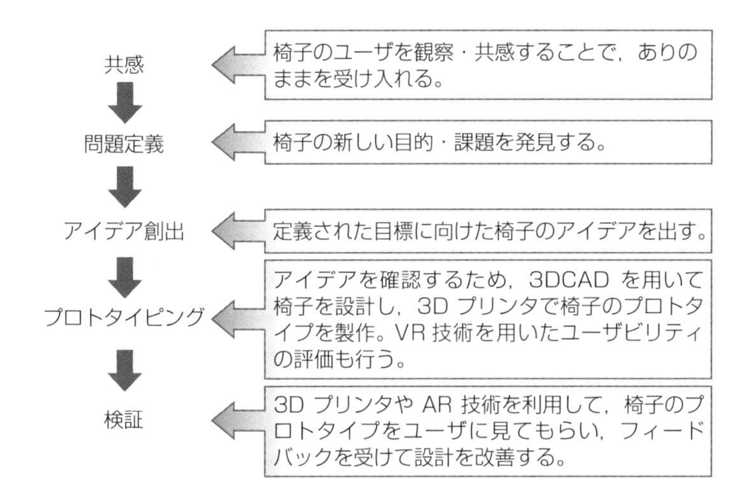

図　バーチャルデザイン論でのデザイン思考・人間中心設計方法（椅子のデザイン例）

現場で設計したモデルを提示して想定ユーザに見せて意見をもらい，それらをもとに設計のフィードバックを行なう。学生はこれらの実践を経験することにより，人間中心設計の意味を体得することができる。

3.10

経済システムから見た会計・監査の仕組み

本講義のコンセプトは，経済社会システムのアーキテクチャを見直して，持続可能な社会を創る，そのためのシステムデザインとマネジメントを考えることである。

現代の人間社会では，経済社会の発展から大きな恩恵を受けて私たちは生活している。その一方経済システムの発展と裏表の関係として，人口爆発，資源戦争，環境破壊，経済格差，貧困，災害，教育など多くの社会問題・課題にも直面している。

これらの社会課題の中には現在の資本主義経済における経済成長重視の負の側面として指摘を受けるものも少なくない。人類が構築してきた豊かな社会を維持し，これからの持続可能な世界の実現のために，現在直面している社会課題のうち，経済社会全体の仕組みに依拠しているものをシステム自体から見直して再度仕組みを創り直す，資本主義の再定義・再構築の動きが国内外で進められている。

SDM における本講義では，まずこのような私たちが直面する諸問題と経済システムの関係，そしてこれらの問題に対する経済システム側の対応について検討する。かつ講義提供時には，システムズエンジニアリングの考え方と方法論に即した『経済・ビジネス系』分野の教育科目の充実を強く意識している。とくに，SDM の「木を見て，森を見る」教育理念に則り，社会経済システムにおける価値創造とカネ（資金）の動きをマクロ・ミクロの視点で解き明かすことをめざしている。

加えて最近の論点として，資本主義の多様性やいわゆる株主資本主義の問題点，あるいは近年重視される持続的な価値創造（sustainable value creation）

あるいはサステナビリティ，SDGs，ESG投資といった点に着目している。

次に，このような社会問題と経済システムの関係，あるいは経済システムの対応といった点を把握し，その解決を考える際に会計・監査という仕組みがいかに役立つか，そもそも経済システムの中でいかに会計・監査システムが機能しているかといった点の理解が重要になる。そこでは，実績を測定する基準としての会計基準の重要性や会計・監査システムと他の制度と会計との関係，会計基準のグローバル化，会計・監査の中に社会問題を取り込んでいく方法としての環境会計や統合報告，非財務情報の活用といった点の理解が肝要である。

この問題意識に立脚して，経済システムの仕組みの見直しと，その社会実装を目指し，課題に取り組むことで知識の定着と実践の機会を設けている。課題の素材としては，各自が選択した特定の企業を主たる対象として，持続可能な経営を希求する際には具体的にどのような手法で業績を測定するかについて学ぶ。そこでは，KPI（重要業績評価指標）の識別，データ可視化の手法，マテリアリティ（重要課題）の特定等について理解を深めている。

実学の要素が強い経済，ビジネス科目全般では学術研究面のみならず，実装の視点が欠かせない。その際には各科目間の相互関係性を意識して講義が組み立てられている。

たとえば，会計・監査業務や，企業の内部統制やビジネス変革のコンサルティングの知見，そして企業経営者からのマネジメントの視点をまず習得するとともに，実際に知識を活用する科目が用意されている。SDMの「ビジネスプロセスのモデリングとマネジメント」の講義では，Business Process Management手法の基礎と最新動向を履修することが可能であり，実務での実装を踏まえたカリキュラム構成が図られている。このようにカリキュラム間の相互関連性で知識に広がりをつけ，理論と実務双方からの検討を行なうことで経済・経営系教育の充実をめざしているのがSDMでの学びの特色である。

3.11

社会調査法

SDM 研究科の重要な目標の１つに「社会課題の解決」がある。この目標のためには，まず社会課題の背景・構造・ステークホルダーなどについて詳しく調べる必要がある。こうした社会の実情を調べる手法を「社会調査」とよぶ。社会調査は社会一般で幅広く行なわれているが，研究目的の調査を行なうには適切な知識と技術の習得が必要であるため，大学・大学院で専門的教育を受けることが望ましい。本研究科でも「社会調査法」の科目を学んで研究に活かす人は多い。

社会調査は，対象について質的（非数値）データに基づいて理解・分析する「質的調査法」と，量的（数値）データに基づいて理解・分析する「量的調査法」とに大別される。近年では，質的データを量的データに変換して分析する手法も発展している。質的調査法の例として，インタビュー，参与観察，フィールドワーク，質的資料（文書や画像など）の評価などがあげられる。研究対象の背景や構造を探索する事前調査，重要な要因や関係性に関する仮説の導出，事後のフォローアップや専門家の評価など，研究のさまざまな局面で質的調査を行なうことによって，新たな気づきや多様な視点を得ることができる。また質的調査を通じて対象を直接的に知ることで，より関心や情熱をもって研究に取り組むこともできるだろう。

量的調査法では，研究対象に関する量的データを収集して分析することが中心となる。中でもアンケート調査は，システムに関係するステークホルダーの意識やニーズの探索，システムの効果や評価の測定などにも利用される。研究においてアンケート調査を適切に実施するには，研究者が把握したい事項やその構造をアンケート調査票にしっかりと落とし込むこと，研究目的に合った対象を選ぶこと，データ化・解析手法を念頭に置いて設計することなどが重要となる。たとえば，ある企業の社員や地域の住民の意識を知りたいときに，ランダム・サンプリングなどに寄らずに適当な対象にアンケート調査をした場合，その回答は当該企業や地域の人々を代表する「声」とはいえず，調査データの信頼性は低くなる。またアンケート調査データを使って要因間の因果関係を分析したい場合，因果関係を構成する説明変数と被説明変数の他，それらに影響しうる統制変数もあらかじめアンケート調査項目に含んでおく必要がある。あるいは，ワークショップの参加者や実験の被験者に何らかの介入を行ない，その効果を測定する場合も，アンケート調査を実施することがある。事前・中間・事後にどのような事項を調べるべきか，研究で明らかにしたいことと照らし合わせながら，アンケート調査の内容を検討しておかなければならない。

「社会調査法」の授業は，研究目的で行なう社会調査に関する知識・技術の基本，すなわち，社会調査の特徴や歴史，質的・量的調査の概要と手法，そしてアンケート調査の作成法・対象のサンプリング法・データ分析の手法などを知ることができるように設計されている。履修者は質的・量的調査の案を策定して発表し，またグループで実際にアンケート調査を設計・実施し，そのデータを解析してレポートにまとめる。より良い調査・分析となるよう，教員また履修者同士が助言し合う。これらを通じて，履修者が自身の研究，あるいは仕事や社会生活において適切な調査を行ない，社会のリアリティを知ることができるようになることをめざしている。

3.12

システムの科学と哲学

慶應SDMの基盤の1つはシステムズエンジニアリングだが，近い学問分野として，システム科学やシステム理論がある。

システム科学はSystems Science，システム理論はSystem Theory。いずれも，そもそもシステムとは何で，どのような挙動を示すものか，ということ自体にフォーカスするものだ。慶應SDMではこれらの考え方が意識して教えられることは（私の講義やゼミを除くと）少ないけれど，本来はシステムについて考えるときの基盤となるものと考えるべきであろう。

システム科学やシステム理論の古典的名著といわれているものに，たとえば以下の本がある。

- フォン・ベルタランフィー：『一般システム理論』（General System Theory）
- ハーバート・A・サイモン：『システムの科学』（The Science of the Artificial）
- ジェラルド・M・ワインバーグ：『一般システム思考入門』（An Introduction to General Systems Thinking）
- ニクラス・ルーマン：『システム理論入門』（Einfuhrung in die Systemtheorie）

慶應SDMでは，一般的にはこれらの講義に時間を割く方針をとっていないが，選択科目「システムの科学と哲学」ではこれらにも触れている。また現在は，『思考脳力のつくり方——仕事と人生を革新する四つの思考法』（前野隆司著，角川書店，2010年）を教科書として配布しており，ここでもシステム論を展開している。

4つの思考法に即して述べると，世界をとらえるとき，その方法には4つの段階がある。図に示すように，要素還元思考は物事をシステムとはとらえず，

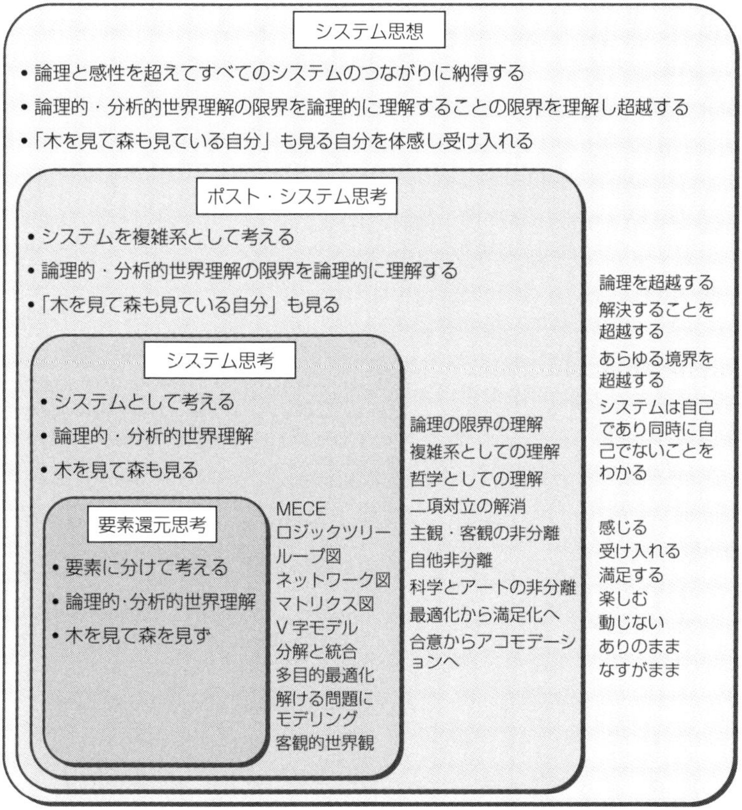

システム思想
- 論理と感性を超えてすべてのシステムのつながりに納得する
- 論理的・分析的世界理解の限界を論理的に理解することの限界を理解し超越する
- 「木を見て森も見ている自分」も見る自分を体感し受け入れる

ポスト・システム思考
- システムを複雑系として考える
- 論理的・分析的世界理解の限界を論理的に理解する
- 「木を見て森も見ている自分」も見る

システム思考
- システムとして考える
- 論理的・分析的世界理解
- 木を見て森も見る

要素還元思考
- 要素に分けて考える
- 論理的·分析的世界理解
- 木を見て森を見ず

MECE
ロジックツリー
ループ図
ネットワーク図
マトリクス図
V字モデル
分解と統合
多目的最適化
解ける問題にモデリング
客観的世界観

論理の限界の理解
複雑系としての理解
哲学としての理解
二項対立の解消
主観・客観の非分離
自他非分離
科学とアートの非分離
最適化から満足化へ
合意からアコモデーションへ

論理を超越する
解決することを超越する
あらゆる境界を超越する
システムは自己であり同時に自己でないことをわかる

感じる
受け入れる
満足する
楽しむ
動じない
ありのまま
なすがまま

図　要素還元思考，システム思考，ポスト・システム思考，システム思想の関係
（前野隆司：『思考脳力のつくり方——仕事と人生を革新する四つの思考法』角川書店より）

要素に分けて考える。システム思考は，システムとして考えるとはいえ，システムの中を要素に分けて考えるので，じつは要素還元思考の一種（要素還元思考のシステムへの拡張）である。もちろん，システム自体のことを考えるわけであるから，システム全体のことを考えない要素還元思考とは異なるが，システム全体のことを理解するためにその中身を要素に分けて考えるという意味では，要素還元論的なシステム理解なのである。

ここでいうポスト・システム思考とは，論理的・科学的世界理解の限界を理解し包含する世界観である（詳しくは『思考脳力のつくり方』に述べられている）。すなわち，現代科学が遭遇した素粒子論や複雑系の科学に即して考えるなら，従来型の要素還元的科学観ではとらえきれないような振る舞いが人間システムや社会システムには生じる。これを理解するためには，システム思考やシステムズエンジニアリングを超えた領域が必要になるというのが，ポスト・システム思考の主張である。なお，ポスト・システム思考とは本書の造語である。ソフトシステムズ方法論という分野があり，ポスト・システム思考に近い。

システム思想も造語であるが，ここは論理自体の限界を理解し超越する境地である。ここがSDM学に含まれるかどうかは議論の分かれるところであろうが，あらゆるシステムのあらゆるデザインの問題をSDM学が包含するなら，当然，論理と感性を超越した，哲学・思想の領域におけるシステムのデザインの議論も含むと考えるべきであろう。

この枠組の中にシステムの科学と哲学を位置づけるなら，システムの科学はシステム思想以外の３つのレイヤーに，システムの哲学は４つのすべてのレイヤーに含まれるというべきであろう。

なお，システムの科学というとき，複雑系の科学のみならず，近年話題となっているスモールワールド理論，ロングテール現象，集合知の議論，ニューラルネットワークと認知科学・脳神経科学なども含まれると考えるべきであろう。

システムの哲学には，あらゆる哲学が本来含まれると考えるべきであろうが，現時点で慶應SDMで考慮されている哲学的議論は，応用倫理学，公共哲学，心の哲学，現象学などの一部に限られる。倫理学は，「われわれは何をなすべきか」を考える際の基礎になるし，応用倫理学や公共哲学はまさにその議論を実践する場である。

3.13

システム思考のための抽象化の基礎

複雑な問題を解決に導くには，思考が発散せず，段階的な積み上がりを経て収束していくように問題を抽象的に表現していく必要がある。しかしながらこれは形式的になりやすく，結果として視野を狭めやすい。

この２つの問題――思考の発散と視野の狭さ――は，過度に情報化し常に頭の緊張を強いられる現代社会の本質的問題である。システム思考はこの２つの欠陥を克服することによってはじめて得られると考える。本講義では，この理由が，抽象化のための確固たる基盤がないことととらえ，その基礎を学ぶことで，問題の本質をとらえ，かつ自由で溌剌とした思考習慣を獲得することをめざす。

「数学の本質は自由である」，この言葉は集合論の創始者であるゲオルグ・カントールの言葉である。単純な言葉に聞こえるが，実際に意味するところは深い。

岡潔は「論理も計算もない数学をやりたい」といった。カントールの$\aleph_0$が，単なる論理だけから発生しえただろうか？　何かを知るためには疑いなき信念が必要なのであり，その信念は生命と紐づいている必要がある。先に論理があったのではない。生命と密接に結びついたところに自由な発想があり，その発想によってこれまで見えなかった新しい世界が広がってくる。それは本来美であり喜びを伴うものなのだ。だからこそ岡潔をして数学の最大の教科書は芸術であり，芭蕉であり，万葉集であると言わしめたのであろう。

本講義では，集合論や群論の基礎にふれることを通し，自らが意識的に定義した概念のみによって構築された世界の中で，自分の頭で能動的に物事を考え，自分自身にあった堅実な物の考え方を開発する習慣を身につけることを目標とする。それによって，見えないものが見えるようになるのであり，全く同じ外的世界に存在しながら，全く新しい世界を打ち開くことができる。

3.14

身体知を深める

日々コンピュータやスマートフォンの明滅する光にさらされている私たちは，大脳刺激中心の生活を送り，常に意識や理性に基づいて行動していると思い込んでいる。しかし，本当にそうか？

実際には私たちの体は，私たちが意識しないうちに，心臓を動かし，呼吸をし，消化器を働かしている。体に必要が出てくれば，そう思わなくても心臓の鼓動は速くなる。意識で腕を曲げるときも，随意筋が収縮するのと同時に，裏側の筋肉が不随意に伸長していることは，よく知られていることである。また，自分が思っていたのとは異なる行動を不意に取ってしまったり，虫の知らせを感じたり，考えてもいなかったアイデアが突然降ってくるといった経験は，私たちが自覚している「意識」だけで生きていると考えると説明が難しい。つまり，私たちの体は意識を介さずに多くの調整を行なっており，私たちが意識で下したと思っている判断にも，意識以外のものが介入している可能性が高い。

私たちの人生はさまざまな判断の積み重ねから成り立っているが，この実相を理解し，体感して，意識以外からの声を聞き取れるようになれば，より適切な判断ができるようになると考えられる。また，初対面の人と言葉を交わす前に，なんとなく落ち着く，あるいは緊張するといった感覚を覚えるのはよくあることである。このような言葉以前のコミュニケーションに目を向けることは，人との関係性を読み直す一助になると推測できる。

本講義では，実習を交えながら，意識以外のものに支えられながら活動し，外の世界と交流していることを実際に体感することを試みるとともに，日本の伝統療法で培われた知恵にも触れつつ，意識だけに頼らずに生きる必要性を論じ，身体感覚を取り戻すための手がかりを探る。

3.15

高信頼インテリジェントシステム

すでに2.21節で述べたように，人間が知識や経験に基づいて行なうような知的作業を代行するためにコンピュータを援用して作られた人工的なシステムをインテリジェントシステムとよぶ。本講義では，インテリジェントシステムの高信頼性（trustworthy）とは何か，どのようにしたらインテリジェントシステムは人間社会から信頼されるようになるのかを議論する。

人間がインテリジェントシステムを信頼するかどうかの判断基準はさまざまである。システムの処理内容が数理的なデータの取り扱いであれば，その結果を検算することで正しさを容易に検証できるため，結果を信頼することは簡単である。しかし一度システムを信頼して利用し始めると，そのシステムが常に健全に稼働していることが重要になってくる。そのため，いつでも正常に稼働し続けていることも信頼性の基準となる。そこで，システムの一部が故障しても正常に稼働し続ける可用性（availability）や維持管理性（maintainability），不正利用されておらず正常であることを保証する安全性（safety and security）や耐久性（durability）などの性能を測る尺度として信頼性（dependability）がシステムズエンジニアリングにおいて定義された。従来の文脈において高信頼システムという用語は，この意味を指すことが多い。

一方，インテリジェントシステムの処理内容が高度な知的水準になると，その結果を検算することが不可能となり，妥当性を検証することが容易ではなくなってきている。専門家でさえ出力に疑問をもつようなシステムを，社会が信頼するはずがない。そこで，結果に加えて，それを導出した過程や理由までも出力するような説明可能（explainable）システムなどが研究されるようになってきた。現状では専門家が妥当性を検証できる程度の説明であり，一般社会から信頼されるには不十分な状況にある。そのため近年では，高度なインテリジェントシステムが登場するたびに，社会がそれを信頼して受容するかどうかの意見が分かれる状況が続いている。

以上のように，インテリジェントシステムの知的水準が高度化するに伴い，社会からの信頼を得ることが一層困難になるという課題がある。この課題に正面から取り組み，社会から信頼されうる高度なインテリジェントシステムの実現方法および社会への実装戦略を議論するのが高信頼（trustworthy）インテリジェントシステムの扱う講義内容である。

本講義では，まず信頼性（dependability）に焦点を当て，インテリジェントシステムを構成する情報技術系の可用性や維持管理性，安全性などについて解説する。ここでの内容は情報分野の技術紹介ではあるが，持続可能な社会を実現するための組織構成論や経営戦略論などにも通じるように工夫している。

次に，インテリジェントシステムの知的水準の発展を技術的観点から俯瞰する。入力や条件がすべて静的に与えられた上で解を求めるオープンループシステム，入力や条件が時間とともに変化しても安定して解を出力し続けるクローズドループシステム，そして唯一の正解が存在しない問題に対して相応しい解を出力する確率システムなどに分類し，システムが出力する解の正確性や妥当性について理解を深める。

最後に高信頼性（trustworthy）に焦点を当て，システムが人間社会から信頼され受け入れられるために必要とされる事柄について議論する。社会的受容などの社会的側面はもちろんのこと，法令遵守などの法学的側面，プライバシーなどに関連する心理的側面，生命倫理などに関わる医学・薬学的側面など，さまざまな側面からの課題を投げかけ，多面的に議論する。

以上の講義を通じて，学生はシステムが社会に信頼されるとはどういうことかを理解し，新しいインテリジェントシステムを社会実装し普及させていくための戦略を立案する能力を身につけることができる。

3.16
持続可能都市システムの基礎・応用

カーボンニュートラルかつウェルビーイングな都市システムをデザインすることは，全国の自治体にとって喫緊の課題となっている。再生可能エネルギー，スマートグリッド，ZEB（ゼロエネルギー建築），自動運転EV（電気自動車），空飛ぶクルマなどの革新的なスマート技術を本格的に活用してカーボンニュートラルな未来都市を実現するには大きな社会変革が必要である。一方，COVID-19によって普及したテレワークを利用する新しい働き方は，都市と地域の２地域に居住することを可能にしつつある。基礎の講義では，このような働き方や住まい方に関するライフスタイル転換とも組み合わせて，持続可能な未来社会の構想づくりについて，その理念と分析手法について授業で学ぶ。とくに，スタジオ形式の演習を実施し，自治体やデベロッパーをはじめとして，地域で活躍している企業ステークホルダーの皆さんとも連携して提案作成に取り組む。

実際，多くの地方都市において，大都市圏からの移住者によって持続可能な地域づくりを考えるスタートアップが増えつつある。実際，現在の人口減少社会における地方課題の解決は簡単ではない。一極集中が続いてきた大都市圏の問題を緩和して，自然災害や気候変動影響へのレジリエンスを高めるためにも，持続可能な未来社会のビジョンづくりに取り組むキャパシティ・ビルディングが大切である。都市と地域が連携して持続可能な未来社会を構想することは喫緊の課題であり，応用の講義では，このような都市と地域を組み合わせたシステムの最適化に関する最新の動向についても概観するとともに，基礎的な持続可能性に関する科学的知識やデータサイエンス技術について学ぶ。また，テストサイト都市や地域のケーススタディを通じて，持続可能な未来社会のコンセプトデザイン構想の構築にグループワークを実施する。

具体的には，下記の項目について，「都市システムデザイン」に関する共同研究を実施している講師とスタジオ形式での授業を実施している。

- **持続可能性な都市システムデザインの新たな動向**
- **都市再開発をシステムデザインする都市計画の具体例**
- **スマートエネマネと自動運転EVのシミュレーション手法**
- **土地利用と交通システム間の相互作用を分析するモデル**
- **ビックデータを用いて都市活動を分析するデータサイエンス**
- **地理情報を用いて都市の持続可能性指標を可視化する手法**
- **都市デザイン提案のグループ議論（毎授業の後半，最終日に発表会）**

参考文献

1) 国立環境研究所：和風スマートシティづくりを目指して，https://www.nies.go.jp/kanko/kankyogi/70/70.pdf
2) Yoshiki Yamagata and Perry P. J. Yang : Urban Systems Design: Creating Sustainable Smart Cities in the Internet of Things Era, Elsevier, 2020

3.17
交換留学制度

わが国のビジネスパーソンは，技術力は高いけれどもビジネスに弱い，といわれることがある。その原因として，英語力の弱さ，自前主義から脱却できないこと，グローバル人材を集めてビジネスを行なうことが苦手であることがあげられる。とくに英語力や多文化理解が一層求められる。慶應SDMでは英語だけで修了できるように英語科目が充実している。留学生が全体の約15%おり，**図1**のように英語によるゼミも行なわれている。

世界のトップ大学との交換留学制度もある。パートナー校は，ヨーロッパのデルフト工科大学（オランダ），ミラノ工科大学（イタリア），フランス国立理工科大学トゥールーズ校，ケンブリッジ大学（イギリス），マサチューセッツ工科大学（アメリカ），パデュー大学（アメリカ），カーネギーメロン大学ピッツバーグ校（アメリカ），チュラロンコン大学（タイ）である。希望者は全員留学できるだけの枠が用意されている。

図1　研究室のゼミ風景（2012年10月）

図 2　学位授与式の風景

海外パートナーの多くは，慶應 SDM と同じく，学際的な学問分野を融合する大学院である。日本人学生は毎年留学によって人生観を変え，人間として大きく育つ者が少なくない。慶應 SDM は，グローバルリーダーとなる人材育成を掲げ，何ごとにも恐れずチャレンジする人材を求めており，海外の一流大学で学ぶことのできる留学制度はそのような学生の獲得に貢献している。最近では，働き方の多様化が進み，新卒学生に限らず，社会人学生であっても，勤務先から了解を得て留学期間中を休職したり，リモートワークや時短勤務などの制度を組み合わせて，フレキシブルな対応をしてもらったりすることで，海外留学を実現している学生が多い。なお，留学を希望する者にもさまざまな理由があり，日本人学生は，多文化理解や英語力向上を目的とする者が多い一方，海外からの留学生は日本で働きたいとか，将来日本人と仕事をする際の経験のためという理由が多いというちがいがある。

以上のように，慶應 SDM では，海外との連携を通してグローバルな人材の育成を行なっている。今後は，教員同士の相互の行き来や，共同研究活動などをより一層進めていきながら，交換留学制度においても，研究者としての相互交換を推進していくことにより，慶應 SDM の世界におけるプレゼンスを高めていくことにも力を入れていく。

3.18

修士論文・博士論文

大学院 SDM 研究科には修士課程と後期博士課程があり，修士号の取得のためには修士論文，博士号取得のためには博士論文を執筆し，審査に合格する必要がある。修士・博士ともに，取得できる学位には「システムエンジニアリング学」と「システムデザイン・マネジメント学」がある。前者の取得には技術システムのデザインに関わる分野，後者の取得には社会システムの問題解決に関わる分野に関する知識の習得と，合格水準に達する研究論文の執筆・発表が求められる。

修士課程は「リサーチインテンシブ（RI）コース」と「ラーニングインテンシブ（LI）コース」の２コースに分かれており，学生は主に入学時にいずれかを選択する。RI コースは学術性・専門性・新規性・独創性などを有する研究を行なうためのものであり，修士論文もこれらの観点から評価される。大学を卒業してすぐに大学院に進学する人や，博士課程進学を視野に入れている人などに適している。一方で LI コースは，上記の観点よりも実践性・包括性に重点を置いて研究を行なうためのものである。職務経験を通じてすでに専門性や実績を有する人が，SDM 研究科で多様な知識を得て修士論文をまとめ，その成果を社会に還元することを目指す場合などに適している。論文指導は，主指導教員が学生の研究に合わせて個別に行う指導や，研究室のゼミやラボの研究会などにおける学び合いが主となる。SDM 研究科には文理，また経歴・属性の面で多様な学生が集まり，それぞれが関心をもつ研究テーマに取り組む。慶應義塾の「半学半教」の精神を実践する研究科と言える。

最も重要なのは学生自身が主体的に研究に取り組むことである。最初に学生は自らの研究テーマの背景・構造を調査・吟味し，具体的に何が課題となっているか，その課題解決にはどのような学術的／技術的／社会的価値があるのかを明確にしなければならない。そこで，まず「テーマ発表会」で研究テーマの内容と意義に関して発表し，多様な視点から指摘・助言を受ける。続いて，当該テーマに関する国内外の先行研究や実情をサーヴェイし，何がどこまで明らかになっているのか，先行研究や実践例の問題や限界はどこにあるかを探索する。これにより，新規性・独創性のある自身の研究を構想できるようになる。そしてその構想に基づき，予備的な考察・モデル化・プロトタイピング・実験・調査・分析などを行い，進捗を「中間発表会」で報告しながら，本格的な検証へとつなげていく。研究成果については，多様な観点から指摘・助言を得るために外部評価を受けることが推奨される。最終的には「修論審査会」において，修士論文と研究全体について審査を受ける。

博士課程においては，より高いレベルで学生が主体的に研究に取り組むことが求められる。SDM 研究科修士課程や別の大学院からの進学者，社会人として働きながら，あるいは専門家・教職者として活躍しながら博士学位の取得を目指す人など，さまざまな学生が集まって研鑽する。学生が多様であるからこそ，「システム」「デザイン」「マネジメント」の観点から研究を行なうために，未修者には修士課程のコア科目を学ぶことを推奨している。博士課程の標準年限は 3 年間だが，研究進捗や個々の事情により長期化することもある。したがって学生は主指導教員と相談しながら，所属する学会，投稿する学術誌，博士論文構成などについて，しっかりと計画を立てて研究を進めていくことが望ましい。また毎年行なわれる「博士研究発表会」で，SDM のさまざまな教員やメンバーから意見を得ることも有益である。

SDM 研究科の修士論文・博士論文に共通するのは，学術論文としての論理性・専門性を備えながらも，狭い領域にとらわれず，多元的な視点から実践的・独創的な研究を行なうことをめざす点である。この経験は，修了生のその後の研究・経済・社会的活動にさまざまな面で役立つことは間違いない。

第4章 研究の事例

この章では，研究の事例について述べる。慶應 SDM はあらゆるものごとの関係性をシステムとしてとらえるため，研究範囲は技術システムから社会システムまで多岐にわたるが，ここではそのほんの一部を紹介する。

4.1

都市システムデザインに関する研究

持続可能な都市を実現するためには，これまで別々に分野ごとに開発されてきた，建築，交通，人間行動に関するサブシステムを統合して1つのシステムとして分析・設計する「都市システムデザイン」のアプローチが必要である。2021年に慶應SDMに設立した「未来社会共創イノベーション研究室」では，カーボンニュートラル等の未来都市の持続可能性の向上を目的として，システムの観点から把握・分析・評価そして設計する「都市システムデザイン」のアプローチに基づいて，具体的な都市デザインへの応用について研究している。

とくに，「環境」と「健康」が好循環する未来社会の共創をめざして，都市における建築・交通・人間行動を統合する「都市システムデザイン」の新しいフレームワーク（図を参照）の開発に向けて，持続可能な社会，都市のレジエンス，都市・地域の脱炭素化，ビックデータ・AIの活用等の手法開発に取り組んでいる。

研究室代表の山形は，30年以上にわたって，気候変動問題に関する研究に従事してきた。この10年間は，応用システム分析の観点から，土地利用——交通モデル，生態系サービス評価，持続可能な都市システムに関する研究に，環境省，文部科学省等の各種大型研究プロジェクトに取り組んできた。

一方，気候変動政府間パネル（IPCC）の報告書の代表執筆者を長年つとめており，第6次報告書では，都市システムにおける脱炭素化を担当した。国際学術雑誌の編集委員として多くの論文を執筆している。特にこの数年は，これらの成果をまとめて，都市レジリエンス，気候変動対策（緩和・適応），空間的ビックデータ解析，スマートシティの都市システムデザインに関する英文書籍・教科書（参考文献）を出版している。

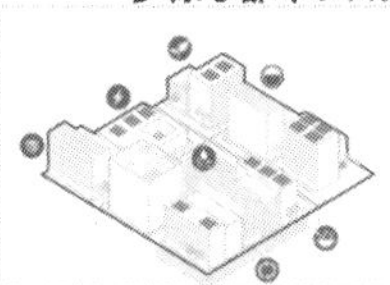

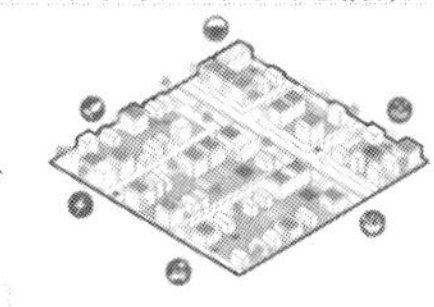

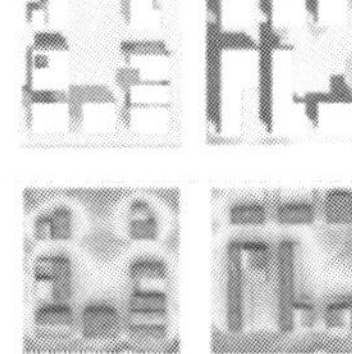

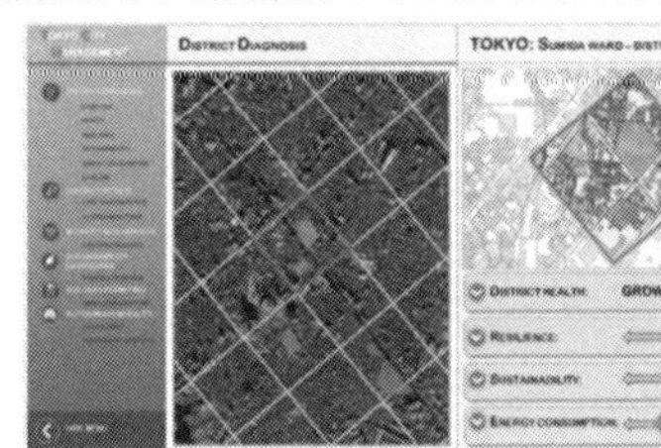

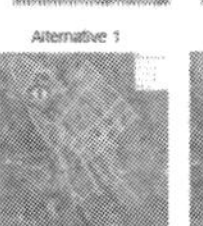

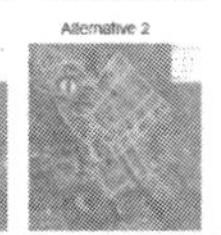

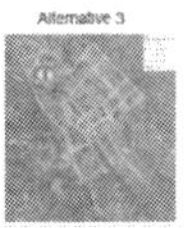

図　都市システムデザインの新たなアプローチ

参考文献

1) Yoshiki Yamagata and Hiroshi Maruyama (Edit.) : Urban Resilience: A Transformative Approach, Springer, 2016
2) Yoshiki Yamagata and A. Sharifi (Edit.) : Resilience-Oriented Urban Planning: Theoretical and Empirical Insights, Springer, 2018
3) Yoshiki Yamagata and Hajime Seya : Spatial Analysis Using Big Data: Methods and Urban Applications, Academic Press, 2019
4) Yoshiki Yamagata and P. P. J. Yang : Urban Systems Design: Creating Sustainable Smart Cities in the Internet of Things Era, Elsevier, 2020

4.2

大規模システムのレジリエンス

レジリエンスとは，もともと回復力・復元力という意味であり，一般にシステムの構成要素が故障したり機能喪失したりして状態が変化した場合に，元の状態に回復するための能力という意味である。この概念に基づき，心理学や防災や組織論などさまざまな分野でこの言葉が用いられている。慶應SDMでは，システム全体のレジリエンスを強化するために不可欠なアプローチの１つとして，大規模システム（たとえば宇宙システム）のレジリエンスを定量的に評価する手法を研究している[1)]。

宇宙システムとは，①地球周回軌道上の人工衛星，②衛星の管制や信号処理を行なう地上施設，③データ利用装置，④それらの間の通信リンク，の４種類を構成要素とするシステムであると定義されている[2)]。たとえば人工衛星にスペースデブリ（宇宙ゴミ）が衝突して全損事故が発生した場合や，複数ある地上施設の一部が何らかの原因で機能を停止した場合にどのようにレジリエンスが低下するか，ということを客観的に示すことができれば，より透明性の高い対応策を立案することが可能となる。

この研究の目的は，統一的なレジリエンス評価に関する議論を行なうための共通概念として，レジリエンス評価のためのオントロジーを構築し，そのオントロジーに基づいた定量的評価手法を確立することである。ここでオントロジーとは，システムの「構成要素」および「構成要素間の関係性」を定義することである[3)]。

検討の結果，システムの構成要素間の関係性は５種類に分類できることがわかった。そこで，これらの関係性に「レジリエンススコア」という重みを与えることによって，各要素のレジリエンスを定量的に表現することができた。さらに，この考え方を再帰的に適用することで，どれほど構成要素の多い大規模なシステムであっても，その要素同士の関係を漏れなく重複なく表現することができた。これによって，システム全体のレジリエンスを単一の数値で相対的に評価することが可能となった。

具体的な適用事例として，気象衛星ひまわりを利用した気象観測システムに関する解析を行なった。そのなかで気象衛星という要素の変化が，気象観測システム全体のレジリエンスに与える影響を評価した。試算として，気象衛星が「ひまわり６号」１機であった時代から，「ひまわり７号・８号」２機体制，「ひまわり８号・９号」２機体制へと進化を遂げた場合に，実際にレジリエンスが高まっていくことを定量的に示すことができた。ちなみに，この変化は，衛星自体の性能が高まったという理由ではなく，システムの構造（要素間の関係性）が変化したことが影響している。

今後の課題は，より汎用性の高いレジリエンス評価手法の確立である。このためには，レジリエンスの時間的変化をどう評価するか，システム性能の優劣を反映した定量的評価手法をどう確立するかなどの課題に取り組む必要がある。

参考文献

1) Yuki Onozuka, Makoto Ioki, Seiko Shirasaka：Ontology for Weather Observation System, Proceedings of the Second Asia-Pacific Conference of Complex Systems Design & Management, Springer, 2016
2) 内閣府：「宇宙システム全体の抗たん性強化」に関する検討の基本的な考え方について，2015
3) A. Souag, C. Salinesi, I. C. Wattiau：A Methodology for Defining Security Requirements Using Security and Domain Ontologies, INSIGHT 2013

4.3

機械学習のためのデータ拡張

現在の機械学習は，訓練のために大量のデータを必要とする。たとえば写真に写っている動物がパンダかどうかを識別させようとするなら，訓練用にパンダとパンダ以外の写真を大量に用いることになる。しかし，社会には大量のデータを用意できない課題も多い。そこで少量のデータだけで訓練する方法が研究されており，そのうちの1つがデータ拡張（data augmentation）である。データ拡張とは，実際のデータから擬似的なデータを生成することで，データ件数を増やす手法である。たとえば，一枚のパンダの写真を元に，それを拡大したり回転したりした加工写真を何枚も生成する。元がパンダの写真ならば加工写真もパンダの写真であるから，元の写真に加工写真を加えることでパンダの写真の件数を拡張して訓練できるのである。

データ拡張手法は，画像データや言語データを用いた機械学習において広く使われているものの，表形式などの構造化データに対しては適用が困難とされてきた。しかし，社会で解決すべき課題の多くは構造化データで表現されているため，これを拡張できるようにすることは大きな意義がある。そこで慶應SDMでは，慶應義塾大学薬学部と共同研究している課題を題材として，データ拡張手法を開発した。本課題は，投与薬剤に対する患者の副反応を高精度に予測しようというもので，扱うデータは，患者の背景情報や薬剤，副反応などを含む表形式データである。しかも，予測したいのは，医師なら誰でも知っているような既知の副反応ではなく，症例の稀な副反応であるため，必然的にデータ件数が少ない。そのためデータ件数を拡張する必要があった。

私たちが開発したデータ拡張手法を**図**に示す。図中上の表が副反応報告データセットであり，全国の医療機関から報告された薬剤処方データを整理して作成したデータセットである。年齢群，性別，処方薬，既往症をまとめて患者背景情報として扱い，患者背景情報から副反応を予想する課題を機械学習で解決することを目標として設定した。データ拡張方法としては，既往症の一部を書き換えることで，擬似的な副反応報告レコードを生成した。このとき参照する類似既往症の辞書は，もともと存在したものではなく，機械学習を活用して元の副反応報告データセットから生成したものである。したがって本システムのすべてのデータは元のデータセットだけから構成されていて，専門家の知見を導入するなどの人為的な処理を全く含んでいない点が大きな特徴である。なお，既往症の一部を書き換えて擬似データを生成することに疑問をもたれるかもしれないが，医学や経済学の分野では，欠測データの対処法として複数の統計的推定値を埋めて処理する多重代入法などが使用されていることを踏まえれば，決して的外れな擬似レコード生成方法ではないことを付け加えておく。

副反応報告データセット

レコード番号	患者背景情報				副反応コード (ICD-10 code)
	年齢群	性別	処方薬コード (ATC code)	既往症コード (ICD-10 code)	
1	12-39	男	A10C1, A10H0, A10M1	L80-L99, M40-M43, E40-E46	I80-I89, K00-K14
2	40-64	女	A10K2	D55-D59, K40-K46, O20-O29	G20-G26, G90-G99
⋮	⋮	⋮	⋮	⋮	⋮
N	65-	男	A10K2, A10K3	A75-A79, B20-B40, J80-J89	O60-O77, P50-P61

類似既往症辞書

既往症	類似既往症
B20-B40	C00-C14
D55-D59	D37-D48
D55-D59	H00-H06
E40-E46	J60-J70

生成された擬似副反応報告レコード

$N+i$	40-64	女	A10K2	H00-H06, K40-K46, O20-O29	G20-G26, G90-G99
⋮	⋮	⋮	⋮	⋮	⋮

図　構造化データに対するデータ拡張手法の概略図

このように慶應SDMでは，必要十分なシステムが存在しない場合には，新しいシステムをデザインし，社会の問題解決に取り組んでいる。

参考文献

1）T. Ishikawa, T. Yakoh and H. Urushihara : An NLP-Inspired Data Augmentation Method for Adverse Event Prediction Using an Imbalanced Healthcare Dataset. *IEEE Access*, **10**, 81166-81176, 2022

4.4

構想駆動型社会システムマネジメントの確立

Cyber-Physical Systems（CPS）に代表されるデジタル技術は人々のさまざまな営みと関係性をもち，天候や地形などの自然環境，道路や橋などの社会インフラとつながっている（**図 1**）。こうした幅広い領域にまたがる全体はSystem of Systems（SoS）として考えることができる。ビジネスや行政などは社会に関係性をもった形で人々の暮らしに価値を提供しようとする。たとえば，MaaS（Mobility as a Service）レベル 4 のように地域に価値を提供するには，自治体がデジタル技術を活用して企業と連携する。その際にはその活動を社会全体の合意のもとで進めることが求められ，そこでは，そのコミュニティでの熟議が求められる。

JST（Japan Science and Technology Agency）未来社会創造事業「超スマート社会の実現」領域で行った探索研究では，構想駆動型社会システムマネジメントの確立をめざし，Wave Model [1] に基づく SoS のマネジメントの仕組みを提案している [2]。**図 2** に示すとおり未来洞察ラボ（Foresight Lab.），ABS2MS（Architecture Based Sociotechnical Systems Management System）および SoS エンジニアにより SoS をマネジメントする仕組みを提案した [3, 4]。

Foresight Lab. では，新しい構成システムを創出するために，社会的合意と評価指標をもとに利害関係者間で熟議し，未来に向けて SoS に関する洞察を行なう。これと連携して SoS の中での人々の営み，構成システムの運用情報などを分析し，SoS の進化をガバナンスする仕組みをもった ABS2MS を定義した。SoS の中での人々の活動を含めた情報を IoT 技術により取得し，それに基づき SoS 内の振る舞いを分析し，システム連携の正しさを自動判定する機能をもたせている。社会的合意との整合が十分ではないと判断されると，

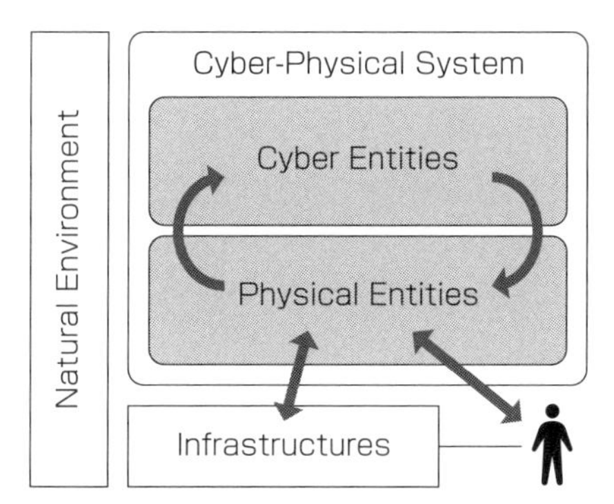

図 1　自然環境の中での CPS と社会インフラと人との関係性

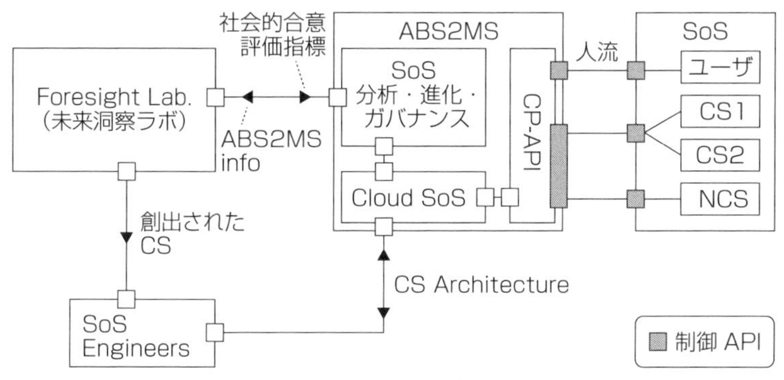

図 2　System of Systems のマネジメントフレームワーク

Foresight Lab. から新しい構成システム（Constituent System）を創出する。

参考文献

1）情報処理推進機構・ソフトウェア高信頼化センター：2014 年度および 2015 年度ソフトウェア工学分野の先導的研究支援事業の成果を公開，https://www.ipa.go.jp/sec/reports/20160531.html

2）J. Dahmann, G. Rebovich, J. Lane, R. Lowry, and K. Baldwin : An implementers' view of systems engineering for systems of systems, 2011 IEEE Int. Syst. Conf. SysCon 2011 - Proc., no. April 2011, pp. 212–217, 2011, doi: 10.1109/SYSCON.2011.5929039.

3）西村秀和：System of Systems アーキテクチャに基づくマネジメント：社会 - 技術システムのマネジメント，第 10 回横幹連合コンファレンス，2019.11.30-12.1

4）西村秀和：人と相互作用する DX，第 13 回横幹連合コンファレンス，2022.12.17-18

4.5

高齢者ドライバーの安全運転力向上

わが国は高齢化社会の進展が大きな社会問題となっているが，交通社会においても高齢化は深刻な問題となりつつある。死亡事故につながる交通事故は年々減少傾向にあるが，高齢者がかかわる交通事故数は上昇し続けている。高齢者ドライバーに関しては運転免許の返納という考え方もあるが，車が生活の必需品となっている地方都市では車を手放すわけにはいかない事情も存在する。また，高齢者が起こす交通事故は，若い運転者が起こす事故とは異なる特徴を有する。そのため，安全な交通社会を実現するためには，高齢者ドライバーが引き起こす事故の特徴を分析し，安全運転への対策を施すことが必要である。慶應SDMの小木と西村は損害保険会社と共同で，高齢化社会における安全運転対策をめざし，テストコースでの実車運転やシミュレータでの運転実験を通して，高齢者ドライバー特有の安全運転行動の分析を行なっている[1)]。

実車の運転では，自動車安全運転センターの研修コースを使わせてもらい，高齢者ドライバーと一般ドライバーの自動車運転時の自動車の動きと，ハンドル，アクセル，ブレーキ操作，および視線計測装置を用いてドライバーの視線の動きを記録し，分析を行なった。また，シミュレータとしては，VR（Virtual Reality）技術を用い，広視野の没入型ディスプレイによる立体視映像空間の中に運転台を設置した没入型ドライビングシミュレータを構築し，実験に利用した（図参照）。このシミュレータは，広視野のインタラクティブな立体視映像により，運転中のドライバーの安全確認のための覗き込みなどの動作の再現や，ドライバーに対して障害物までの距離感などを表現できるため，ドライバーの安全確認行動を忠実に再現することができる。これらの実験では，信号無し交差点の直進，右折やバックでの車庫入れなどの，高齢者ドライバーの事

図　没入型ドライビングシミュレータを用いた実験風景

故多発環境を再現して計測を行なった。この際，実車環境では危険な交通状況を提示することはできないが，シミュレータでは対向車や障害物，歩行者などのさまざまな交通状況を設定して提示することができる利点がある。

これらの実車コースやドライビングシミュレータを用いた実験結果から，高齢者ドライバーと一般ドライバーの運転行動の比較分析を行ない，高齢者は一般ドライバーに比べて，安全確認行動の省略や安全確認よりも運転操作の先行が起きることなどの特徴が明らかになってきた[2)]。研究としては次の段階として，これらの知見をもとに，高齢者ドライバーの安全運転力を向上させるために，高齢者教習，カーナビを用いた注意喚起などの方法について検討を行なっている。

参考文献

1）Yoshisuke Tateyama, Hiroki Yamada, Junpei Noyori, Yukihiro Mori, Keiichi Yamamoto, Tetsuro Ogi, Hidekazu Nishimura, Noriyasu Kitamura, Harumi Yashiro：Observation of Drivers' Behavior at Narrow Roads Using Immersive Car Driving Simulator. The 9th ACM SIGGRAPH International Conference on VR Continuum and Its Applications in Industry (VRCAI 2010), pp.391-395, Seoul, Korea, 2010.

2）北村憲康・粂田佳奈・立山義祐・小木哲朗・西村秀和：事故多発環境における高齢ドライバーの運転適性と安全確認行動の関係について．自動車技術会論文集，**44** (4)，1067-1072，2013.

4.6

グローバリゼーションと会計監査

近年の国境を越えた企業活動の急速な拡大を背景として，企業活動を映し出す役目を果たすインフラとしての会計基準及び会計を取り巻く諸制度についても，国際的な共通基準化（国際標準化）への動きが注目されてきた。企業は活動の成果を決算書の形で公表し，これはいわば企業経営者の活動の成績表ともいえる。各企業が独自のルールで決算書を用意するのでは「良いところ取り」になりかねないので，統一ルールである会計基準や監査基準を用いて一律の水準を定め，これにより比較可能性や透明性を担保するという効果をもつ。

それでは，ここで適用する会計ルールは，グローバルで統一された標準の単一ルールである必要性とその意義があるのだろうか？

研究ではグローバリゼーションが進む状況における，会計基準のグローバル・コンバージェンスを巡る会計の利害調整機能の諸側面を主に考察した。会計の目的として情報提供機能に注目が集まる中，制度会計の観点からは利害調整機能の役割も見過ごせない。しかしながら，すべての目的に中立的な会計制度の構築は困難であることから，目的を定めざるを得ず，その際には第一に情報提供機能の部分への配慮が重視されて制度会計の設計がなされてきた。とくに会計の国際化の観点から，100カ国を超える国で活用される汎用性を備える会計制度の構築のためには，情報提供機能に焦点を絞らざるを得ないことは否めない。この国際化の潮流の一方で，かならず議論の俎上にのぼるのは国際化がなされた会計基準と，会計の「二次的目的」といわれる役割が果たすべき機能との不整合とその調整プロセスであったといえよう。

本研究では会計・監査のグローバル化と関係諸制度との関係を，租税との観点，会社法との観点，企業経営との観点，そして会計のプロフェッショナルである会計監査人の資格との観点でそれぞれ考察を行なった。これらが会計・監査のグローバリゼーションがもたらす影響をすべて網羅し尽くしているわけではなく，取扱きれなかった観点が残されている。特にシステム×デザイン思考を踏まえての再検討は今後の課題である。

研究の着目点として，会計・監査における国際標準化をグローバリゼーションの枠組みでまず問題提起したところに特徴がある。グローバリゼーションを会計・監査制度の関係でとらえると，制度そのものが国際的に統合化された結果，制度が国際標準化される動きに着目されがちであるが，実際には各国に固有の法体系や制度のみならず経済的要因を考慮に入れた多様性を重視する「グローカル」といわれるような動きが新たに生じてきている。

グローバル化の進展により国境を越える経済活動が増大すれば，国をまたいで各種制度が相違するのは煩雑であり，互換可能である制度設計が考えられ，それがグローバル基準へ向かうという流れは当然出てくるであろう。ただし，このような制度の世界標準化の際に表裏一体の形で生じるのが，会計と関係をもつ周辺制度との調整プロセスである。各国の制度が一度に変換がなされる，もしくは同じ方向に進むのであれば，この制度標準化の流れというのは当然起こりうる形であるが，実際は国によって制度のグローバル化への対応には緩急がある。また標準化に伴う便益と困難を比較考量すると，国内制度を国際互換性のある制度に変革していくことが必ずしも合理的と判断されないこともある。

とくに会計は単独制度として機能しているのではなく，周辺制度と強く相互関係を保ちながら存在している。あわせて，企業会計は社会規範（social norms）としての側面を併せもつともいわれている（Sunder, 2005, 2009)。もともと会計は「事実と慣習と判断の総合的産物」といわれるように一義的に最適解を定められるものではなく，社会的インフラの一部を構築していることから，会計基準だけを整備すれば足りるわけではなく制度全体の動きを見据えなければならない。投資家への財務報告への在り方を探るのみならず，経済活動に対するインパクトにも配慮していくことは不可欠である。また会計基準の設定の仕方も，演繹法的に有るべき姿から導き出される部分と，帰納法的に実務での積み重ねが純化されて蓄積されてくる部分がある。帰納法的な設定プロセスの場合，各経済事実と慣習が相互に関連することから各国の既存の実務は社会通念にも依拠することになる。

近代の国際システムである主権国家体制を前提にしてグローバリゼーションを考察することは現状の把握に有効であろう。ここでは国家の意思決定は国民と結びつき，国家をコントロールする上位の権限の存在は想定されず，国際機関の位置づけは対国家との枠組みで規定されているからである。ところが近年の国境を越える経済活動の拡大に伴い，主権国家＝国民国家が統治する範囲と経済実態の活動の場がリンクしなくなる現状が生じている。このときにグローバリゼーションとは，ある制度が国際標準化していくことを意味するのではなく，世界の相互関係が深まる中での国家と世界，グローバルとローカルのあり方が変容していく過程と分析できる。グローバリゼーションの捉え方を再検討したうえで，会計・監査制度に与える影響及びその背景の考察が不可欠であった。

本論点は，会計基準や監査基準だけに当てはまる着目点ではない。グローバル化が進展したときには，ルールや規制が国際標準に統一される動きが着目されがちであるが，果たしてこの世界標準統一化の動きが必然であり意義が認められることばかりなのか，今一度再検討する姿勢が求められる。

4.7

次世代医療・医学教育への取り組み

慶應SDMでは，理工学部，医学部，健康マネジメント研究科などと連携しながら，次世代の医療や医学教育の研究に取り組んでいる。とくに当麻研究室（コミュニケーションデザインラボ）では，医療情報の高速伝送技術や超高精細映像を用いた遠隔医療のようなテクノロジー研究に取り組むかたわら，医学教育，ヘルスリテラシー，医療安全，チーム医療，地域連携，高齢化問題といった，人間中心の社会課題解決に挑戦してきた。

そのなかのいくつかの研究事例を紹介しよう。当麻は，慶應フォトニクス・リサーチ・インスティテュートの副所長を務めており，所長の小池康博氏とともに，世界最速プラスチック光ファイバーと高精細・大画面ディスプレイを組み合わせた遠隔コミュニケーションシステムの開発に従事してきた。その適用分野として注力してきたのが医療・医学教育であり，杉並区医師会や慶應医学部と連携関係をとって，医師らとともに実証実験を繰り返してきた。

たとえば，皮膚疾患をもつ患者の4K映像（フルハイビジョンの4倍の画素数をもつ超高精細映像）を，離れた場所にいる医師に非圧縮伝送した実験では，単に画質がきれいなだけではなく，皮膚のカサカサやジュクジュクといった質感をも伝達し，あたかもルーペで拡大しているように肉眼よりもよく見えることを実証することができた[1)]（**図1**参照）。3D立体視映像を用いた別の実験では，通常の映像では伝わらない奥行き情報を伝達できることから，効果的な医学教育に活用できることが示唆された。こうした実験結果をもとに慶應医学部では，立体視や4K映像を用いた授業が実用段階に入っており，次世代の医療従事者育成に寄与している（**図2**参照）。

しかし，遠隔診断や遠隔手術を適切かつ安全に実現化していくためには，ま

図 1　4K 超高精細映像を用いた皮膚科遠隔診断実験

図 2　3D 大画面立体視映像システムの耳鼻科教育への実用化

だ多くの課題が残されている。とくに映像伝送における遅延は，遠隔操作を伴うロボット手術には致命的な欠点となり，手技の動きと視覚の時間的ずれから生じる違和感への対処が重要な研究課題でありながら，これまで取り組まれている事例は少ない。当麻研究室ではこうした映像遅延の問題に認知科学の観点から取り組んでおり[2]，その成果が期待されている。

これらのほかにも慶應 SDM の複数の研究室で，医療・介護・ヘルスケアの分野に何らかの形で関連して取り組んでおり，それらの研究に携わっている専門家を含む学生たちが情報交換し，研究の議論をする自主組織「ウェルネス研究会」が活発な活動を行なっている。慶應 SDM では，こうした研究室の垣根を超えた活動を奨励しており，医療以外の分野でも横断型の研究会を自主開催している。まさに多様性の特徴を活かした活動である。

参考文献

1）当麻哲哉・鈴木創史・戸倉一・稲葉義方・小木哲朗・小池康博：遠隔診療における 4K 超高精細映像の有効性評価～皮膚科診療への適用の可能性～，日本遠隔医療学会雑誌，**9** (2), 66-73, 2013
2）米田巖根・小木哲朗・当麻哲哉：遠隔手術を想定した映像遅延が上肢の微細な位置決めおよび押し下しに与える影響，日本バーチャルリアリティ学会論文誌，**22** (1), 61-69, 2017

4.8

デジタルミュージアム・プロジェクト

日本における博物館の数は増加傾向にあるが，博物館を訪れる人の数はあまり変わらないため，1館あたりの入館者数は年々減少している。このような問題を解決するためには，より多くの人に博物館への興味をもってもらい，繰り返し博物館を訪れるような仕組みを構築することが必要である。慶應SDMの小木らが行なっているデジタルミュージアム・プロジェクトでは，VR（Virtual Reality）やAR（Augmented Reality）などの情報メディア技術を用いることで，より魅力的な博物館システムを構築することをめざしている。ここでは**図**に示すように，①多くの人が博物館に興味をもつ仕組み，②博物館で興味深い体験を行なう仕組み，③現実世界で博物館情報を取得する仕組み，④博物館で現実世界の追体験を行なう仕組みに分け，いくつかの博物館施設と共同で種々のシステム開発を行なっている。これらが相互にリンクすることで，人々が博物館に興味をもち，継続的に訪れるようになることが期待される。

博物館に興味をもってもらうための手法の例としては，「デジタル3D浮世絵」のシステムを構築した[1)]。このシステムでは，浮世絵に対してインタラクティブな3D表現を行なうことで，浮世絵で使われている遠近法を体験的に理解し，興味をもってもらうことをめざしている。博物館での興味深い体験を実現するための手法としては，シカン文化の「黄金の仮面のAR展示」システムを構築した[2)]。この展示では，展示物が当時どのように使われていて，どのように発見されたかなどの経緯をCG（Computer Graphics）と重ねた空間型AR技術で説明を行なっている。また，現実世界で博物館情報を取得する手法としては，ロケーションベースARシステムの開発を行なった。このシステムでは，博物館の展示と関係する現実世界をリンクさせ，歴史スポットなどを歩き

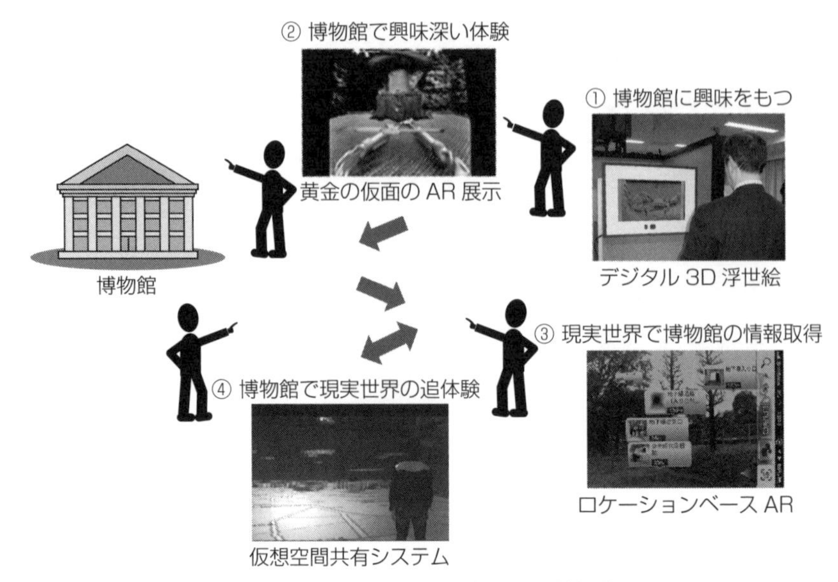

図　博物館と人々のつながりを支援する博物館システム

ながらスマートフォンを用いて必要な説明や博物館の展示情報を参照することができる。博物館での追体験を実現する仕組みとして，仮想空間共有システムの構築を行なった。このシステムでは，現実世界を訪れた際に撮影した写真や現実世界を訪れている他の人が撮影した写真から3次元の仮想世界を生成し，博物館を再度訪れた際に没入空間の中で追体験することができるシステムである。これらのシステムは，現状はイベントなどでの利用にとどまっているが，今後は開発コストの問題などを含めて継続的な運用化をめざしている。

参考文献

1）Tetsuro Ogi, Yoshisuke Tateyama, Hao Lu, Eriko Ikeda：Digital 3D Ukiyoe Using the Effect of Motion Parallax, The 15th International Conference on Network-Based Information Systems（NBiS 2012）, pp.534-539, 2012

2）Kaori Sukenobe, Yoshisuke Tateyama, Hasup Lee, Tetsuro Ogi, Teiichi Nishioka, Takuro Kayahara, Kenichi Shinoda, Kota Saito：Spatial AR Exhibition of Sican Mask, ASIAGRAPH 2010 in Tokyo, 122pp., Odaiba, 2010

4.9

社会課題解決型宇宙人材育成プログラム

人工衛星による観測，測位，通信を中核とする宇宙インフラの整備が進む一方で，携帯電話による地上ネットワークが爆発的に拡大している。衛星画像やデジタル地図といった背景情報も世界的に整備・公開が進んでおり，どこで何が起きているのか，何がどう活動しているのかを迅速に把握・解析できる環境が整いつつある。こうした環境変化は，地上での観測やデータ収集だけを前提に展開されてきたさまざまな社会公共サービスの革新および再構築を行なうポテンシャルをもっている。そのため，慶應 SDM では，宇宙インフラと地上インフラを統合して価値のある革新的なサービスの創出および再構築を行なうことを目的としたシステム思考，デザイン思考，そしてマネジメントの考え方，方法論を適用した研究教育を数多く推進している。

その取り組みの一例として，「グローバルな学び・成長を実現する社会課題解決型宇宙人材育成プログラム」（以下，G-SPASE プログラム）を 2015 年度より推進してきた。このプログラムは，文部科学省「宇宙航空科学技術推進委託費」の事業として採択され，東京大学空間情報科学研究センター，東京海洋大学大学院海洋科学技術研究科，事業構想大学院大学事業構想研究科，青山学院大学地球社会共生学部の 4 つの大学と連携をし，地域課題から地球規模課題に至るまでの社会課題解決のための教育研究を通じた人材育成のプログラムを提供してきた[1]。そして，2021 年からは，これらの取り組みなどから生まれた複数の宇宙ベンチャー企業が組合員として構成する「宇宙サービスイノベーションラボ事業協同組合」によって取り組みが継承されている[2]。

G-SPASE プログラムのビジョンは，宇宙インフラと地上インフラを連携させたシステムやサービスのデザインとマネジメントを行なうことを通じて，世

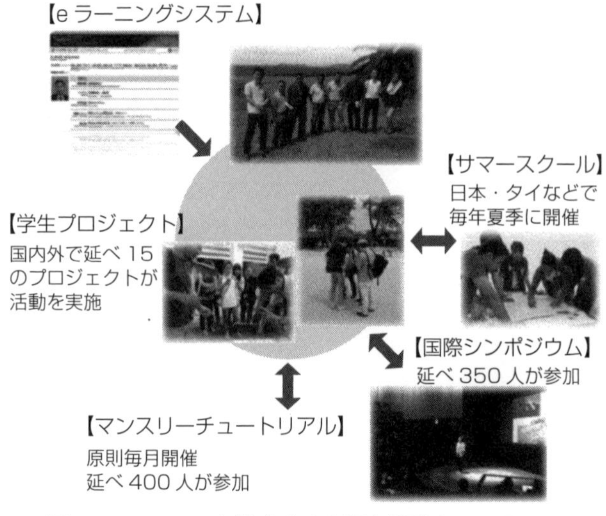

図 1 G-SPASE を構成する主要な活動やコンテンツ

図 2 G-SPASE プログラムによって学生が得る学びのプロセス

表１　おもな学生プロジェクト

プロジェクト名	内容	おもな活動地域
Agriculture Intelligence	リモートセンシング，衛星測位による農業プロセス改善	マレーシア
Base Station	高精度測位のための基準局設置とそれによる精度向上	フィリピン，インドネシア
Disaster Management	早期警報システムのシステムデザインとその検証	タイ，東北地域
Log Analysis	タクシープローブや携帯ログデータを用いた機械学習	タイ，インドネシア
Public Health	衛星データやオープンデータを用いた公衆衛生改善	カンボジア，ラオス
Sports Science	センサデータやオープンデータを用いたサービス創出	東京
UAV	無人航空機の制御技術およびそのサービス創出	タイ，ベトナム
Urban Mapping	都市における地理空間情報を用いたサービス創出	ミャンマー

界の社会的課題解決に貢献する人材を育成することである。宇宙システムは地球全体をカバーする人類共通のインフラだが，ネットワークインフラが普及し，人や車，施設などがすべてネットワークにつながり，世界各地の状況をデータを介してリアルタイムに収集し，分析・可視化して社会課題解決に向けた具体的なアクションへとつなぐことができるようになってきている[3]。そのため，G-SPASE プログラムでは，課題の発見や分析から実際の解決に至るまでの社会課題解決の全ライフサイクルを念頭に入れ，そのための人材育成と国内外でのネットワークづくり，プログラム運営を行なっている。具体的には，タイやフィリピン，インドネシア，ミャンマー，オーストラリアなどのおもにアジア太平洋地域の大学や政府機関，企業，そしてアジア開発銀行や世界銀行

などの国際機関と連携し，現地の多様な社会課題を対象とした解決のためのプロジェクトを創出し，学生が主体となって推進している。G-SPASE プログラムを構成する主要な活動やコンテンツを**図 1** に示す。また，そのような多様な課題，学生の多様な興味やスキル・知識に対応した講義・教材の開発を行なっている。G-SPASE プログラムによって学生が得る学びのプロセスについてのイメージを**図 2** に，学生が中心となって取り組んでいるプロジェクトを**表 1** に示す。

現在までの成果として，学生が国内および欧州での社会課題解決提案やサービス創出のためのコンペティションに入賞したり，数多くの研究論文が国内外のジャーナルに掲載されたり，国際会議論文に採択されたりしている。修了生は，宇宙関係機関のみならず産官学の多様な分野に進み，G-SPASE で取り組んできたテーマを発展させてベンチャー企業を創出している者もいる。このような取り組みを継続することにより社会課題解決のための人材が増え，国内のみならず国を越えて活躍することを期待している。

参考文献

1）宇宙・地理空間技術による革新的ソーシャルサービス・コンソーシアム（GESTISS）ポータルサイト，http://gestiss.org/
2）宇宙サービスイノベーションラボ事業協同組合ポータルサイト，https://ssil.tech
3）神武直彦・恩田靖・片岡義明：いちばんやさしい衛星データビジネスの教本，インプレス社，2022

4.10
ソーシャルキャピタルの成熟度モデル

慶應 SDM は，理系と文系を区別することなく統合することで，それらを分離していては実現できないことの実現をめざしている。「ソーシャルキャピタルの成熟度モデル」の研究は，「ソーシャルキャピタル」という社会学の研究テーマに対して，「能力成熟度モデル」という工学的なアプローチを持ち込んだものであり，文理融合研究の一例として紹介する。

具体的には，地域活性化を行なっている組織のソーシャルキャピタルの成熟度を計測するモデルを作成することで，それらの組織のソーシャルキャピタルがどのようなレベルにあり，次に改善するとすればどのようなことを行なっていけばよいかを示し，それぞれの組織におけるソーシャルキャピタルの能力改善に役立てることをめざしている。

ソーシャルキャピタルとは，「人々の協調行動を促すことにより社会の効率性を高める働きをする信頼，規範，ネットワークといった社会組織の特徴」（Putnam）である。ソーシャルキャピタルが蓄積された社会では，信頼や規範という目に見えない絆を通じて人々の自発的な協調行動が起こりやすく，全体として望ましい結果が得られやすい。こうしたことは社会のさまざまな側面に現われてくると考えられ，ひいては社会全体のパフォーマンスをよくすると考えられる。このように重要なソーシャルキャピタルであるが，これまで，計測するための指標は提案されていたが，改善するために活用できるものはなかった。そこで，ソフトウェア開発能力を改善するためのモデルである能力成熟度モデル（Capability Maturity Model：CMM）の考え方を活用して，ソーシャルキャピタルの成熟度モデルを作成した。

成熟度モデルは，改善対象で重要なポイントを示す「キープロセスエリア」

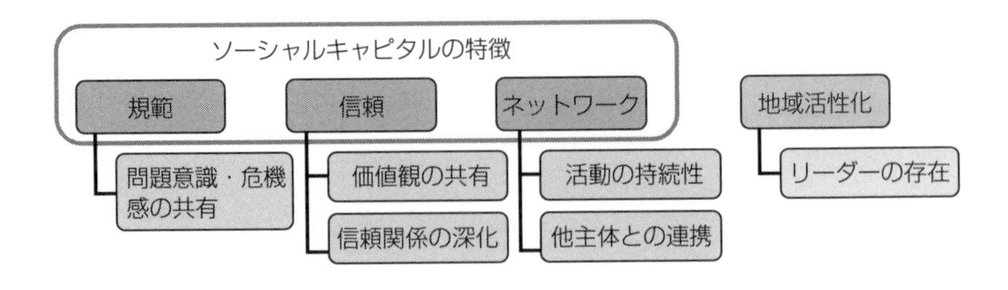

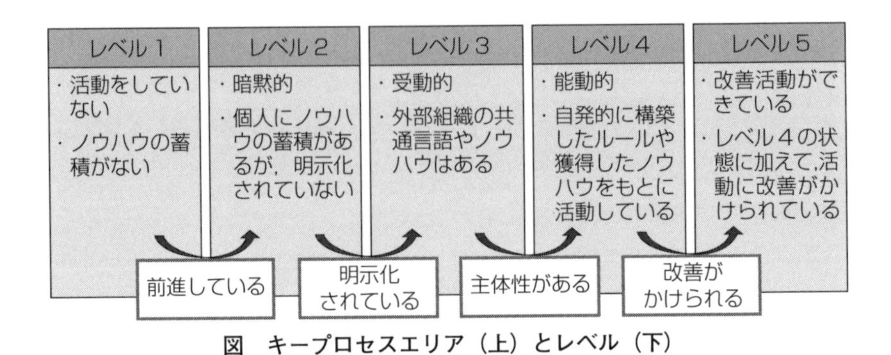

図　キープロセスエリア（上）とレベル（下）

と，改善の段階を示す「レベル」から構成される。キープロセスエリアは，過去の研究，地域活性化の成功事例，有識者へのインタビューから識別した。また，レベルは，CMMのレベルを参考に改善のステップを考慮して設定した（**図**参照）。

これらを統合して，ソーシャルキャピタルの成熟度モデルを作成した。実際には，それぞれのキープロセスエリアごとにどのレベルにあるかを評価することができるため，各組織のソーシャルキャピタルにおける強みと弱みを識別することが可能である。また，その評価をもとに，どの部分を伸ばしていくのかを検討することが可能となる。作成したソーシャルキャピタルの成熟度モデルを使って，全国25の地域活性を行なっている組織にインタビューを実施することで，それぞれの組織の成熟度のレベルを評価し，一部については今後の改善策を提案することで成熟度モデルの妥当性を確認した。

4.11

オープンデータを活用した地域課題解決プロジェクト

多様なステークホルダーがもつスキルや知識を活用して共創し，地域の課題解決や新たな価値の創造をめざす活動が数多く行なわれている。しかし，それらの多くは期間に制約があることや，ボランティアによる属人的な貢献に依存していることなどが原因で，具体的な解決を実現するサービス創出までに至らないことが多い。そこで，その課題を克服する取り組みの1つとして，空間情報を中心としたオープンデータを活用して地域課題や魅力の発見や解決を支援するプロジェクトを推進してきた。具体的には，オープンデータを活用するクラウド環境や，多様なステークホルダーが持続的にコミュニケーションを行なうプラットフォームを整備し，課題発見からその解決までを支援するための「フィールドワーク」，「アイデアソン」，「ハッカソン」，そして事業計画を立案・評価するための「マーケソン」からなるプロセスと手法を設計し，その有効性を検証している。設計にシステム思考，デザイン思考を取り入れていることも特徴である。

たとえば，2015年度は国土交通省国土政策局の事業としてこの取り組みが採択され，川崎市宮前区周辺地域に区役所などと連携して適用し，9つのサービスが生まれ，事業化や起業などの成果を得た[1, 2]。この取り組みのおもなプロセスを図に示す。この成果によるプロセスおよび方法論については書籍やポータルサイトで公開され，その後，コロナ禍でのオンラインの実施など形態は変化しているものの，東京都，ヤンゴン（ミャンマー），朝日新聞社，日本サッカー協会，日本科学未来館をはじめとする様々な自治体や企業，公的機関で活用されている。

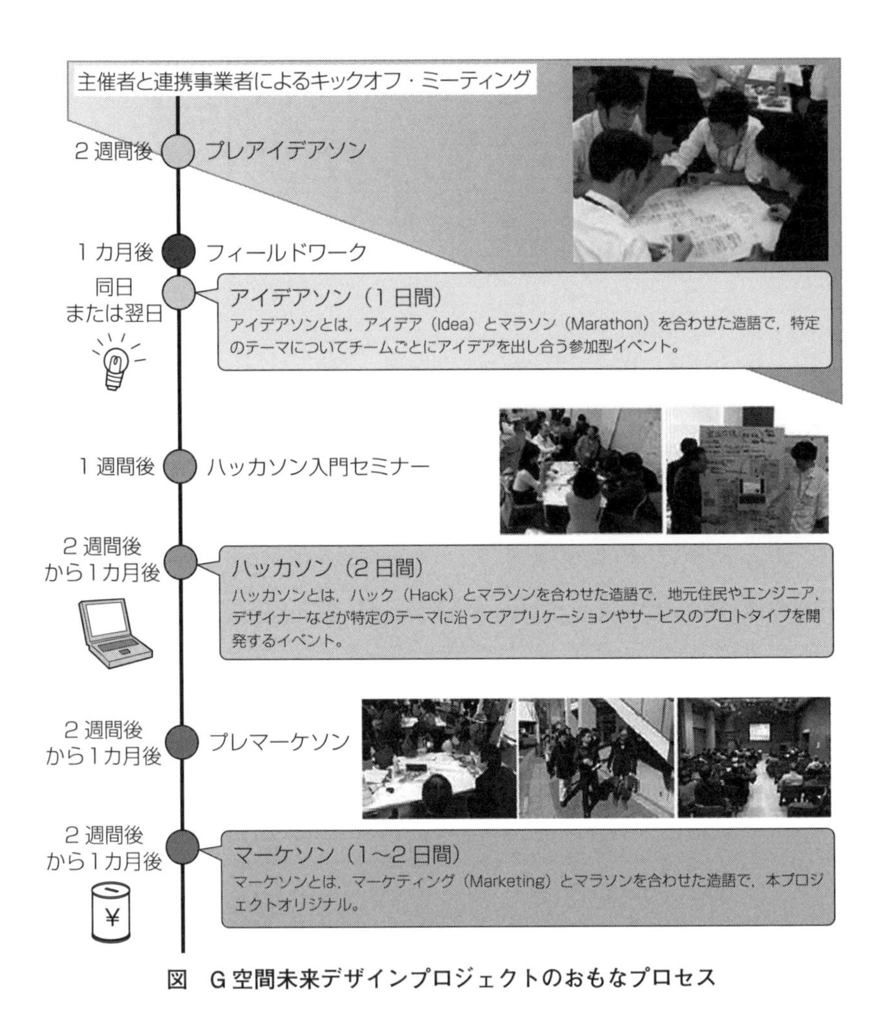

図　G 空間未来デザインプロジェクトのおもなプロセス

参考文献

1) G 空間未来デザインプロジェクトポータルサイト，http://www.gfuturedesign.org/
2) 神武直彦・中島円ほか（G 空間未来デザインプロジェクト）：アイデアソンとハッカソンで未来をつくろう，インプレス R&D 社，2015

4.12
コミュニティ支援型農業（CSA）の研究

慶應SDM博士課程を修了した村瀬博昭らは，コミュニティ支援型農業（Community Supported Agriculture；CSA）の研究を行なった。

CSAとは，農家が販売するための農作物生産を行なうのではなく，農家の生活を維持するための費用は農家を支える会員から集めるという，新たな農業経営システムである。「会員が食べるための農作物」の生産を行なうのであって，農家が生活費を稼ぐための不特定多数向け農作物を生産するのではない点が特徴である。農家と消費者の強固なつながりが構築できるため，CSAは地域コミュニティの形成にも貢献できると考えられる。消費者は農家の活動支援を通じて地域活性化に参画することになる。また，消費者は農場経営に主体的にかかわることが求められる。

CSAは，小規模でも成り立つ新たな農業経営法として，1990年代以降に米国を中心に発展した手法であり，CSA研究の大半は米国で行なわれている。わが国におけるCSAの研究は少なく，実践事例も少ない。このため，本研究では，北海道長沼町でCSAを実施しているメノビレッジ長沼の事例を取り上げ，日本のCSAが地域活性化につながる取り組みであることを明らかにした。**図**に，メノビレッジ長沼のCSAのモデルを示す。本研究の結果，メノビレッジ長沼のCSAの取り組みは，米国のCSAよりも農場主の業務の負担が大きいことや，多くのピックアップポイントを設けることにより会員どうしの交流が促進できていることなど，きめ細かい対応が図られていることを明らかにした。

現在，村瀬は奈良県立大学の教員となっており，CSA研究の日本での第一人者として，慶應SDMとの連携のもと，CSAの普及や啓発活動に邁進して

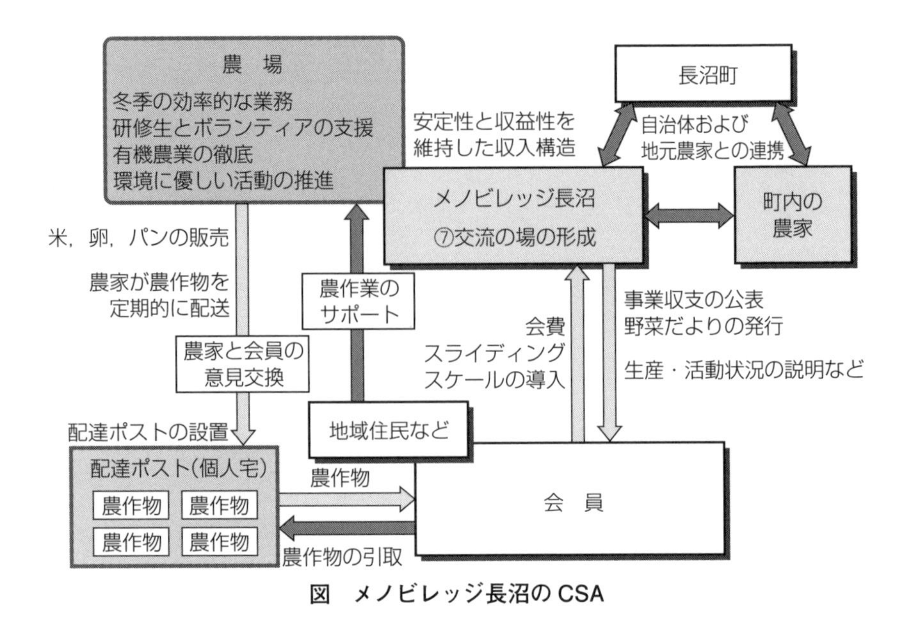

図　メノビレッジ長沼の CSA

いる。

参考文献

1）村瀬博昭：域活活性化に資する CSA（Community Supported Agriculture）のモデル化．慶應義塾大学大学院システムデザイン・マネジメント研究科博士学位論文，2012 年 3 月

4.13
オンラインゲーム実験で考える政治システムデザイン

日本を含む先進国では，選挙の投票率低下が心配されている。「みんなが参加できる民主政治」から「みんながサボる民主政治」になってしまうのは皮肉だ。かつてライカーとオーデシュックは，R（有権者が投票から得る利益）をＰ（自分の１票が選挙結果に影響を与える確率）×Ｂ（各政党の政策から得られる効用の差）－Ｃ（投票にかかるコスト）＋Ｄ（投票で得られる心理的満足感など）と定義した。現実の社会でも，各政党の政策（マニフェスト）を比較する仕組みをつくったり（Ｂの増加策），期日前投票や投票時間延長など制度を便利にしたり（Ｃの抑制策），啓発事業や主権者教育によって投票意欲を増進させたり（Ｄの増加策）といった工夫がなされてきた。また，EU 離脱派と残留派が拮抗した英国の国民投票や，トランプ候補とバイデン候補が競った米大統領選のように，接戦の選挙ではＰが大きくなり，有権者の投票意欲が高まることも知られている。

接戦状況がどの程度，投票意欲を増進させるかを，オンラインの対戦型ゲームを構築して実験した（**図 1**）。実験参加者をランダムにＡ政党支持者とＢ政党支持者に分け，何十回かの選挙で支持政党の候補者に投票するか棄権するかを選んでもらう。各選挙では投票者数が上まわったほうの政党の候補者が当選し，その支持者に一律の利益が配分される。落選側の支持者には少しだけ利益が分配され，引き分けのときは半分ずつ利益が配分される。投票すると，毎回異なる量のコストが利益から引かれる。したがって各参加者にとっては，自分は棄権し，仲間が投票して勝ち取った利益のおこぼれにあずかる（フリーライドする）ことが最も合理的な選択となる。しかし，多くの仲間が同様に考えると，相手陣営に負けてしまう。これを「社会的ジレンマゲーム」状況という。

図1　オンラインゲーム実験の様子

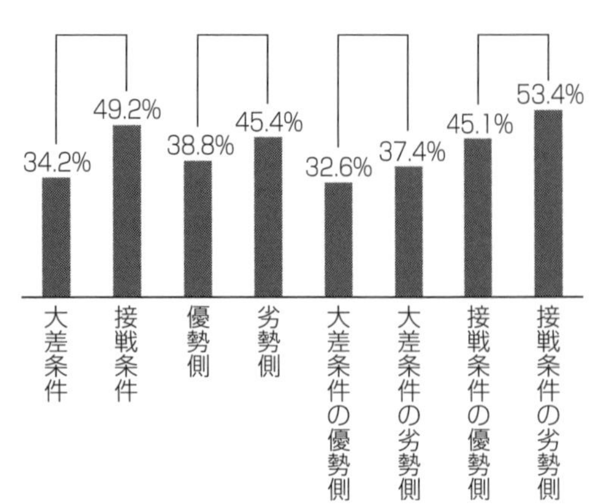

図2　実験条件間の投票率の比較

「大差条件」では，A 政党支持者は 18 人，B 政党支持者は 9 人と設定する。優勢側の A 政党支持者がサボり気味となるなか，劣勢側の B 政党支持者はがんばって投票してもなかなか勝てないので，しだいに全体が低投票率になる。「接戦条件」では，A 政党支持者は 14 人，B 政党支持者は 13 人で，どちらが勝つかわからないため，投票率は比較的高いまま推移する。条件間で投票率を比較すると，接戦条件の B 政党支持者（ちょっと劣勢の参加者たち）が最も投票率が高くなることがわかった（**図 2**）。実際，争点がきちんとあって，それをめぐる「ガチンコ勝負」の選挙では投票率は高まるのであって，近年のわが国の投票率低下は，競争のない形骸化した選挙をやってきたことの証左なのだ。このオンラインゲーム実験で条件をいろいろと変えれば，さまざまな選挙状況下での人間の意思決定を観察することができる。「意味のある選挙」を行なうための選挙システムを考えるためのツールとなるよう，試行を重ねている。

参考文献

1） Riker, William H. and Peter C. Ordeshook：A Theory of the Calculus of Voting. *American Political Science Review*, **62**, 25-42, 1968
2） 谷口尚子：投票参加の実験室実験．フロンティア実験社会科学 3　実験政治学（肥前洋一編著），勁草書房，2016

4.14

心と身体が調和する社会に関する研究

本研究の目標は，人間における脳中枢的作用（いわゆる心）と身体的作用が調和する社会をめざすことであり，そこに真の持続可能性があると信ずる。近代社会は，人間の意識が価値観の中心なった脳中心社会であるととらえることができる。人間以外の動植物が，身体性に基づく環境との相互作用である「縁」を主体とした利他的行動原理により種を存続させてきたととらえられる一方で，なぜ二足歩行によって脳を大型化させ得た私たち人間だけその代償として身体性を鈍化させ，肥大化した自意識によって環境の調和を乱す存在となったのか？

身体性鈍化の原因の 1 つは，人間が相互作用する社会システムを含む多くのシステムにおいて暗黙的に仮定されている人間のモデルが，システムの巨大化に伴う効率性という尺度への偏重などに起因する限られた視点を基礎としていることだろう。たとえば，現代社会で多用される考え方にナッジングがある。ここでは，人間はただある行動特性をもった機械として「暗黙的」に仮定されがちである。同様にして，痛みがあるから痛みを止めるという対処療法的思考は，人間が痛みを避け，快のみを求める機械であると「暗黙的」に仮定している。そこには共通して，自意識偏重の弊害である短絡的二元論が見え隠れする。このような社会システムの中で生きるには，そこで仮定される人間モデルと類似しなくては生きにくいがゆえに私たちは知らないうちに機械化し，身体性が次第に鈍化していくと推察する。人間モデルの忠実度の向上が必要だ。

このためには，人間に対する新たな見方が必要になると考える。とくに人間の自発性という視点にたった見方だ。その 1 つが体運動習性である。人間は誰しも身体を均等に使っていない。この偏り方に，人間の生命原理に基づく新たな人間理解のための鍵があり，当該知見を深めることが人間の自発性という視点にたったシステムのデザインに貢献すると考えこの研究を続けている。この偏りは腰部の無意識的方向性に現れ，動作や性格の共起性を決定する大きな制約として，人間の感受性を含む個性に影響を与えている。足圧分布計測を用いた測定実験結果は，足圧体圧分布に示される腰部の無意識的方向性が人によって異なった類型をもち，その類型が個人によってある程度一貫して現れることを示唆している。

体運動習性研究の背景には，人間が環境と相互作用して変化する動的なシステムであるという考えがある。このように，実際に何らかの測定を行なうとしても，背景にある人間モデルの仮説があって初めて意味のある分析ができると考える。このためには深い経験に裏付けされた知見をもつ専門家との議論が必須である。ただ測定を行うだけではなく，その背景にある人間モデルの仮説を立てるためにさまざまな思想を多角的に学ぶことも重要であるし，システムズアプローチを用い，学んだ知見を可能な限り一義的に解釈可能な表現に翻訳していくことも計測と等しく重要なことだととらえている。これは越境的協働が必要となる場面でとくに重要な点である。

心のモデルという意味では，人工知能のパイオニアであるミンスキーが主張するように，仏教に多くの精緻なモデルが存在している。とくに金剛乗は心と身体の密接な結びつきをとらえた微細なレベルでのモデルをもつという意味で稀有である。仏教の知見に基づいた人間モデルと測定等を通した科学的知見を統合していくことが重要であると考える。その過程は，現代社会において分断されてしまった宗教や芸術，科学の再統合という問題への足がかりを与えてくれると信ずる。偉大な理論物理学者であったアインシュタインはこう言っている。現代科学に欠けているものを埋め合わせてくれるものがあるとすれば，それは仏教である。

第 5 章
人材育成の事例

この章では，人材育成の事例を述べる。2008 年の慶應 SDM 設立以来，修士課程一学年定員 77 名，博士課程一学年定員 11 名を維持しているので，多くの修了生を輩出しているが，ここではその一部を紹介する。

5.1

SDMの学びを活かして新規事業を推進

八木田寛之 氏

八木田氏（三菱日立パワー，2011年3月修士課程修了）は，慶應SDMではデザインプロジェクトのアイデア創出手法の改良に関する研究を行なった。その後，三菱重工グループでのK3プロジェクトを旗揚げした。すなわち，事業部門を越えて32人の若手・中堅社員を集めてチームを立ち上げた。皆で1040個のアイデアを生み出したのち，いくつかのアイデアに絞り込んだ。

「プライベートウォーター®システム（PWS）」は，大都市への人口集中により今後増加していく高層オフィスビルなどの建物内で利用する水を循環・利用するためのシステムである。ポイントは2つある。1つは，建物内で利用される水の浄化・循環を行なう「モジュール型システム」で，浴室，台所，トイレなどの生活排水を地下に集めて浄化し，求められる水質・水量に分けて循環・供給する仕組みである。たとえば，風呂や台所などからだには触れるが直接体内には入れない水，トイレ排水のように人体に触れない水，飲料水（水道水より高度に浄化し飲料に適した水）という具合に，利用場所や利用者に応じて異なる品質の水を供給できる。もう1つは，「排水側課金システム」である。水道水のように利用量に応じて課金するのではなく，排水量と水質に応じて課金する仕組みである。水を必要な量だけ汚さずに利用すると費用が安くなるので，水を大切に利用しようというインセンティブを高められると考えられる。

このように，慶應SDMで学んだイノベーション創出手法を活かし，大企業内でイノベーティブな活動を行なっている。

5.2

母国でMBSE, SysMLを推進

朱　紹鵬 氏

朱氏は，千葉大学大学院自然科学研究科修士課程でマルチボディダイナミクス，制御システム設計を学び，その後，慶應SDM後期博士課程に進学した。慶應SDMでは，スタンフォード大学の故石井浩介教授，MITのオリヴィエ・デ・ヴェック教授から直接学ぶという機会も得られ，グローバルな視野に立って異文化を理解することで高い見識を得ることができた。まさに，慶應SDMは朱氏にとって最高の教育研究環境であったと思う。博士論文「二輪自動車の前輪操舵アシスト制御システムのモデルベースデザイン」では，MBSEアプローチでSysMLを活用してシステムレベルからのモデル記述を明確に行なったうえで，ライダーアシスト制御システムのデザインを論文としてまとめている。

2010年3月に慶應SDM後期博士課程を修了し特任助教を1年間務めた後は，中国の浙江大学の専任講師に着任した。2014年12月には同大学准教授となり，2017年には同大学エネルギーエンジニアリング学院の自動車研究所副所長，2019年には浙江モーター動力学会理事に就任している。学生へMBSE, SysMLに関する講義を行う一方で，In-wheel-motor Distributed-drive Controlを10年以上に渡って研究し，開発された分散式駆動制御システムはすでに上海，浙江などでモーター駆動の電気バスに採用されている。これにより浙江省科学技術進歩二等賞など多くの科学技術賞を受賞している。また，ハブモータ分散駆動制御の理論的基礎と技術体系を構築したことをまとめた書籍『ハブモータ分散駆動制御技術』(Distributed Drive Control Technology of Hub Motor) は2022年8月に中国で出版された。さらにこれを英語翻訳し，Springer Natureから英語版を出版する予定とのことである。今後の国際的な活躍が大いに期待されるところである。

5.3

SDMの理論を実務に適用して大企業を変革する

原　和也 氏

原氏（三菱重工業，2020年3月修士課程修了）は，多くの大企業が直面する，「両利き経営」推進における新規事業創出の課題を解決する手法を研究した。新規事業創出を推進する部門と，それを実行する既存事業部門が互いを信頼して協力し合うため，両者の価値観や認識のずれを緩和する手法を提案した。その核となったのが，デザインプロジェクトの講義で学んだ「顧客価値連鎖分析（CVCA）」を関係者が共同で作成することであった。企業文化や組織構成に適合するように改良を進めた結果，この手法が大企業において大きな効果を挙げることを確認した。

その後，この手法は新規事業プロジェクトに次々と適用され，改良を重ねながら徐々に大企業の中に広く普及していった。たとえば「将来モビリティに関わる事業戦略」では，多くの部署にまたがる関係者の考えや歴史的背景を取り入れながら，将来ビジョンを策定するとともに，今すぐ実施すべき短期的ビジョンをまとめ，時系列に整理して実行した。モビリティに関わる将来として，自動運転車やEVなどさまざまなプロダクトや新たな交通インフラのトレンドを適切に予想でき，複雑に変化する業界構造の中で，具体的な事業活動に結びつけることに貢献した。また解決のキーとなるレバレッジポイントを適切に見い出すためにSystems ThinkingやDesign ThinkingなどのSDMで学んだ知見と，大企業が長期間蓄積した知見や経験とを組み合わせて，手法のさらなる改良を進めている。多種多様な経験の人材を保有する大企業では，セクションごとに考えや目的が異なり，意見の齟齬や違いを理解することに時間を要することが新規事業創出の大きな障壁となる。SDMで学んだ俯瞰的な視点を活かして大企業の将来像を描き，現状を変革する活動を継続している。

5.4

システムズエンジニアリングを浸透させる立場に

関　研一氏

関氏とは，慶應SDMの設立準備をしていた2007年に，故石井浩介先生のME317"Design for Manufacturability"の会合に出席して知り合った。これがきっかけとなり，彼は慶應SDMの後期博士課程に入学した。テーマは，コンシューマエレクトロニクス（CE）の開発に際して行なわれている国際分業での手戻りの防止についてである。オリヴィエ・デ・ヴェック教授（MIT）の講義で学んだDSM（デザイン・ストラクチャー・マトリクス）を用いて，彼はさっそく大きな模造紙に問題となっているプロセスを表記してきた。私（西村）はSysMLを学びはじめたばかりであったが，CE製品について熱設計のビューでシステムモデル表現を行なってみた。すると，先のDSMとこのシステムモデルとの間には大きな関係性があることに気づいた。シンガポールで開催されたINCOSE IS 2009で関氏が論文発表を行なったところ，発表後に彼を囲んで人だかりができていた。

2012年3月に博士（システムエンジニアリング学）取得後，2016年4月からは千葉工業大学教授となり，幅広い領域にシステムズエンジニアリングを浸透させる立場となった。ソニー時代のCE音響振動設計の研究を，自動車OEMとのサウンドデザイン手法の開発，さらに生態系研究者や都市計画企業との自然音・環境音デザイン等へと順次展開している。さまざまな社会課題に対して，SDMで学んだシステムデザインに関する体系的な知識を応用し，新たな法則性を見い出そうとする彼の興味は尽きない。2022年度からは学部長として新学部の企画に加わり，2023年の夏からはベトナムForeign Trade Universityでの新たな国際ビジネス課程にて訪問教授として現地で講義を始めると聞いている。

5.5

文系・理系を超えたヒューマンインタフェース研究

伊藤研一郎 氏

伊藤氏（東京大学助教，2013 年 3 月修士課程修了，2017 年 3 月博士課程修了）は，慶應義塾大学商学部を卒業後，慶應 SDM 修士課程，博士課程に進学した。慶應 SDM に入学してから行なった研究は，HUD（Head Up Display）を用いた自動二輪車用の情報提示システムに関する研究である。自動二輪の運転者は，四輪自動車と異なりつねに路面を注視しながら運転を行なう。そのため，四輪自動車と同様のカーナビゲーションシステムを用いることはできず，ウィンドシールドを利用した情報提示システムの提案を行なった。研究テーマとしてはヒューマンインタフェース，バーチャルリアリティなどの機械工学・情報工学の融合分野にあたる。

伊藤氏はもともと文系出身（商学部）であるが，学部時代には IT 系の会社を起業した経験があり，本格的に IT 技術を基礎としたビジネスやプロジェクトのマネジメントの手法を身につけたいということで慶應 SDM に入学した。慶應 SDM は文理融合の研究科であるが，伊藤氏は商学部で得た知識と情報工学の技術を結びつけることで，実学としての SDM 学を実践しているといえる。また，伊藤氏はもともと小学校の途中までアメリカで育ち，修士課程在学中にはスイスの ETH（チューリッヒ工科大学）への留学を経験するなど，国際的な視点も身につけている。

現在は東京大学バーチャルリアリティ教育研究センター助教として，メタバースなどの先端的な研究に取り組み，研究者・教育者としての道を歩んでいるが，慶應 SDM で学んだ幅広い視点での問題の考え方を，実際の社会の問題や課題に適用しながら世の中に広めていく立場としても，今後の活躍が期待される。

5.6

システムデザインという視点で医療問題を考える

勝間田実三 氏

勝間田氏（小松会病院，2013年9月博士課程修了）は，明治大学経済学部で国際金融を学んだのち，東京銀行（現 三菱UFJ銀行）に入行し，西アフリカのコートジボワール共和国や東アフリカのケニア共和国に赴き，ODAとして国際的な経済協力活動にかかわってきた。ここで発展途上国における医療格差問題に関心をもち，帰国後に病院の事務局長に転身し，さまざまな医療問題に取り組みはじめた。仕事を行ないながら，社会人学生として日本福祉大学大学院修士課程を修了後，慶應SDM博士課程に入学した。

慶應SDMではインドの地方村を対象に，インターネットと移動型クリニック車を連携させた診療システムを提案し，実際に何度もインドを訪れながら移動クリニック車の走行実験などを行ない，博士論文としてまとめた。現在も慶應SDM研究員として研究を継続しながら，インドの病院やNPO組織との交流を続け，日本からインドへの遠隔診断技術の移転や，インドから日本へのスピリチュアルケアの導入など，精力的な活動を続けている。

現在，医療が抱える問題としては，医療費コストの増大，医療従事者の不足，地域間格差の拡大など，社会的な問題も多い。これらの問題に対して，医師としてではなくシステムデザインという視点で考えるアプローチは新しく，医師だけでは解決できない種々の医療問題に対するSDM学の実践者として活動を続けている。

5.7

ユーザの真のニーズをイラストで可視化

岩谷真里奈 氏

岩谷氏（旧姓相川，2014 年 3 月修士課程修了）は，ワークショップにおいてイラストを用いてイメージを視覚化する表現活動であるイメージプロトタイピングを行なう際に，必ずしもすべての参加者が積極的に参加できるわけではないという課題を解決するための研究を行なった。既存の取り組みでは，参加者が表現したいイメージを専門家が視覚化する手法や，専門的な能力を必要とするツールを用いて視覚化する手法があるが，それらの手法では参加者のワークショップへの主体性が下がってしまうことがあり，岩谷氏は参加者が自らイメージプロトタイピングを行なうための手法（以下，本手法）の設計を行なった。

そのために岩谷氏は，さまざまなワークショップに参加し，参与観察を行なった。そのうえで本手法への要求仕様を定義し，表現力に個人差があることや，制作の困難さを軽減させるためのツールとしてイメージシールの設計を行ない，それを用いたイメージプロトタイピング手法を構築した。この手法は，複数のワークショップで活用され，有用性が確認されている。

美術大学を卒業し，「エンドユーザの真のニーズを明らかにしてシステマティックにものごとを実現する能力をつけたい」という動機で入学した岩谷氏は，この研究成果などが評価され，修了時に学生優秀賞を受賞し，その後，玩具メーカーで新規企画やデザインに従事し，ヒット商品を生み出した。また，同期の小荷田成尭氏（2014 年 3 月修士課程修了）とともにクリエイティブな活動を促進するためのスケジュール管理ツールを考案し，クラウドファンディングで資金を得て商品化につなげ，コロナ禍ではオンライン人事面談システムのデザインに寄与するなど，多方面で活躍している。

5.8

SDMの思考体系を武器に復興に挑む

高峯聡一郎 氏

高峯氏（岩手県宮古市都市整備部長，2010年9月修士課程修了）は，慶應SDMにて共生の研究を行なったのち，在学中の2010年に国土交通省に社会人キャリア採用で入省した。その年度の末に東日本大震災があり，震災担当の業務に従事したのち，2013年度4月から宮古市に都市整備部長として赴任した。都市整備部は，復興区画整理や高台造成，災害公営住宅の建築や復興道路の建設に取り組んでおり，彼はその部の部長として3年間，陣頭指揮にあたった。2016年4月1日より国土交通省都市局市街地整備課課長補佐。

慶應SDMで学んだプロジェクトマネジメントやシステムデザインの手法，コミュニケーションのスキルなどが仕事に役立っているという。彼によれば，「私が最も慶應SDMで学んでよかったと思えるのは，どんなときも，つねに立ち返る場所が脳みその中にあることです。それは〈目の前の事象に対して，もれなく関係要素を洗い出し，求められるものを徹底的に分析し，課題の解決策を統合し，結果を検証する〉という思考体系です。復興はかかわる人々が多く，事業が複雑で，予算も多額です。そして，非常に期限が短期であり，まさに巨大で複雑なプロジェクトです。そのなかで，慶應SDMで得た武器を手に復興の実現に挑んでいます」とのことである。

国土交通省復帰後は，東日本大震災からの復興で得たノウハウを活かし，2016年4月に発生した熊本地震からの復興にも取り組んでいる。

5.9

SDM学を経営に活かす

石渡美奈 氏

石渡氏（ホッピービバレッジ代表取締役，2016年3月修士課程修了）は，祖父が創業したホッピービバレッジを引き継いだ3代目社長である。ホッピーを広く社会に浸透させ，会社の売り上げを何十億円も増大させた敏腕社長として知られている。

彼女は，「今後の経営は社員を大切にする経営であるべきだ」との思いから，慶應SDMの修士課程において，社員のリーダーシップと幸せに関する研究を行なった。具体的には，手つかずの森に入って一人で何時間ものあいだ内省したり，森の中に集まって社員どうしで対話をしたりする活動が，いかに社員のチームワークの向上，自分の夢ややりがいの明確化，リーダーシップの発揮，幸福度向上などにつながるかという研究を行なった。本研究は，株式会社森への協力のもと行なわれた。この結果，手つかずの森は，多様な動植物が共生しており，平和のメタファーとしての協働のアナロジーに満ちているため，長時間の森での内省や対話が各人の課題認識・課題解決にきわめて有効であることを明らかにした。また，デザインプロジェクトその他の科目においても，つねに明るく人気者の彼女は，皆のやる気向上のためのコアとして活躍していた。国連世界ハッピーデーを祝って日比谷公園で行なわれたハッピーデー東京のイベントにも研究室の仲間とともにボランティアとして出演し，皆が明るく楽しく生き生きとともに生きる社会実現のために邁進している。

修了後も，社員と顧客を幸せにする「ホッピーでハッピー」を推進したり，経営者の集まりで活躍したりするなど，慶應SDMでの学びを活かして多方面で活躍している。

おわりに

本書『システムデザイン・マネジメントとは何か　第2版』をお読みいただき，どのようなご感想をもたれたでしょうか？　社会のいろいろな場所でその解決を待っている課題に対処するために役立ちそうだという実感をもたれたでしょうか？　あるいはまた，そんな楽観的な考えでよいのか，と疑問に思われたでしょうか？　しかし，事実として，解決に導く必要のある課題は山積しています。慶應SDMはそこに果敢に挑戦することが大事なことだと考えますし，また，そこへ向かう前に熟慮することの大切さを強調したいと考えます。

新たなことをデザインし，それを継続的にマネジメントしていくことは容易なことではありません。しかしそこに木を見て森も見るアプローチ，システムズアプローチをとることが重要です。このためには，既存の学問分野を横断する必要があり，そのための教育・研究を実践しているのが，私たち慶應SDMです。初版でもこの基本的なことを述べたのですが，初版の出版から7年を経て，さまざまに変化した社会情勢を踏まえて，進化した慶應SDMの一端を示したいと思い第2版を発行しました。

お読みいただいた方のなかには，慶應SDMにより興味をもっていただき，他の側面の活動も知りたいという方も多々おられるかと思います。初版が発行されてから今回の第2版の発行にいたるまで，慶應SDMは専任教員を中心にさまざまな関係者らとの協力により次のような活動を行なってきました。

・システムズエンジニアリング：
INCOSE日本支部（JCOSE）／OMG日本支部（日本OMG）との協業
公益社団法人自動車技術会へのシステムズエンジニアリング講座等の提供
・システム×デザイン思考：
文部科学省 グローバルアントレプレナー育成促進事業（EDGEプログラム）

JST・共創の場支援プログラム（COI-NEXT）

・プロジェクトマネジメント：

プロジェクト・デザイン合宿研修

PMP®資格受験対策講座

この他，科学技術振興機構（JST）関連のプログラムでは

・次世代科学技術チャレンジプログラム：KEIO WIZARD "GLOCAL" 身近な課題と世界の課題のつながりを理解して解決策を創り行動できるジュニアドクターの育成

・革新的研究開発推進プログラム（ImPACT）：オンデマンド即時観測が可能な小型合成開口レーダ衛星システム

・戦略的国際共同研究プログラム（SICORP）Belmont Forum：大都市での時間・季節・場所の変化や違いに応じたデータ駆動型災害対応システムの設計と評価

・地球規模課題対応国際科学技術協力プログラム（SATREPS）：産業集積地における Area-BCM の構築を通じた地域レジリエンスの強化

・未来社会創造事業：構想駆動型社会システムマネジメントの確立

などの活動があります。しかし，これですべてを網羅できているわけではありません。行政機関や民間企業との共同研究や各種研修など，契約の関係で公にすることができない活動も数多くあります。当然ながら，今まさに動きはじめているプロジェクトもあります。慶應 SDM はこれからも読者の皆さんとともに進化を続けていきたいと思います。

索引

数字

英字

あ

か

さ

た

な

は

ま

や

ら

システムデザイン・マネジメントとは何か［第2版］

2023年10月13日　初版第1刷発行

編　者――――慶應義塾大学大学院システムデザイン・マネジメント研究科
発行者――――大野友寛
発行所――――慶應義塾大学出版会株式会社
〒108-8346　東京都港区三田2-19-30
TEL〔編集部〕03-3451-0931
〔営業部〕03-3451-3584〈ご注文〉
〔　〃　〕03-3451-6926
FAX〔営業部〕03-3451-3122
振替　00190-8-155497
https://www.keio-up.co.jp/
装　丁――――辻　聡
印刷・製本――中央精版印刷株式会社
カバー印刷――株式会社太平印刷社

Printed in Japan　ISBN 978-4-7664-2922-0